111 Gründe, Motorrad zu fahren

Martin Klein

111 GRÜNDE,
MOTORRAD
ZU FAHREN

Eine Liebeserklärung an das
letzte Abenteuer der Straße

schwarzkopf & schwarzkopf

INHALT

des Stils ist | Weil Naked Biker echte Flitzer sind | Weil Grö-
ße doch eine Rolle spielt | Weil es um Maschinen, Frauen,
Konkurrenten geht | Weil zwei Punkte ein Riesenerfolg sein
können | Weil ein Y-Chromosom nicht nötig ist | Weil Helga
Steudel nur von Betonköpfen zu bremsen war | Weil Leslie
Porterfield willkommen im Club ist

4. spielzeug der Reichen und schönen – seite 77

Weil John Lennon mit 50 Kubik gut fuhr | Weil Polizisten
nicht nur ärgern wollen | Weil zusammenwächst, was zu-
sammengehört | Weil Kindheitsträume wahr werden müs-
sen | Weil sogar nach der Königsklasse noch was kommt |
Weil Fliegen nicht schöner, aber nützlich ist | Weil Dächer
nur was für Bushäuschen sind | Weil Briefmarken nicht
rollen können | Weil das schönste Museum den schönsten
Dingen gewidmet ist | Weil's auch ohne Zündfunken geht

5. Harder, louder, faster – seite 99

Weil es Schwerelosigkeit nicht nur im All gibt | Weil die DDR
mal ganz vorne mitfuhr | Weil sich die besten Erfindungen
bestens ergänzen | Weil »Live fast, die young« nicht immer
stimmt | Weil man weitermachen soll, wenn's am schönsten
ist | Weil es in der Familie bleibt | Weil wir Dreifachwelt-
meister waren | Weil das Glück Herrn Rossi sucht | Weil man
auch am Boden fliegen kann | Weil es keinen Stau gibt

6. only the good die young – seite 121

Weil Risiko mehr Spaß macht als Langeweile | Weil Kluge
überall gewinnen | Weil außergewöhnliche Frauen am Start
sind | Weil James Dean nur einmal übersehen, aber nie ver-
gessen wurde | Weil Vernunft Auszeiten braucht | Weil Law-
rence von Arabien den Rolls Royce mit zwei Rädern fuhr |

Weil über dem Asphalt der Himmel ist | Weil ein Mammuth Mammut fährt | Weil die Welt doch nicht genug ist | Weil's Stoff für große Tragödien liefert

7. Besondere Menschen, besondere Motorräder – Seite 145

Weil 1894 das Geburtsjahr der Freiheit ist | Weil jede Revolution auf dem Motorrad beginnt | Weil es für Theresa Wallach Zeichen und Wunder gab | Weil wir wissen, was die Grüne Hölle wirklich ist | Weil Siegen nicht alles ist | Weil Airbags noch mehr Leben retten werden | Weil Naturgewalten walten | Weil zweimal dieselbe Strecke nicht das Gleiche ist | Weil man doch auf Sand bauen kann | Weil Evel Knievel einen irren Rekord hält

8. Traummaschinen – Seite 169

Weil vier Räder eins zu viel sind | Weil es ganz große Kunst ist | Weil Wankelmütige wissen, was sie wollen | Weil Strom aus der Steckdose kommt | Weil man Tote zum Leben erwecken kann | Weil mehr nicht geht | Weil's wirklich heavy ist | Weil David Beckham immer nur spielen möchte | Weil es gut angelegtes Geld ist | Weil es ohne Grenzgänger nicht geht

9. Die geilsten Routen der Welt – Seite 191

Weil die erste Adresse am Pazifik liegt | Weil in den Alpen die Uhren anders gehen | Weil auch Malle ein Muss ist | Weil Waldwege gut für die Liebe sind | Weil die Mutter aller Straßen ruft | Weil Mandello del Lario der schönste Wallfahrtsort ist | Weil der Autozug nicht nur Autos transportiert | Weil's um die Wurst geht | Weil die Corniche Europas Highway 1 ist | Weil Zwischenstopps bilden

10. öl, schweiß und schrauben – seite 213

Weil wir uns selber helfen | Weil alles Chrom ist, was glänzt | Weil's kesselt | Weil Putzen nur in der Garage Spaß macht | Weil Sitzen nicht nur fürn Arsch ist | Weil mit Airbrush noch mehr Farbe ins Spiel kommt | Weil ein Motorrad helfen kann, das Leben zu warten | Weil eine Vollautomatik keinen zum Volltrottel macht | Weil der Weg nicht immer zum Ziel führt | Weil Kickstarter Weinen und Lachen machen

11. wenn sich biker treffen – seite 235

Weil weniger viel mehr ist | Weil Hannibal von Elefantentreffen lernen kann | Weil man besser schläft | Weil Bikertreffen Zeitreisen möglich machen | Weil es Trost gibt | Weil der Tankinhalt für spannende Momente sorgen kann | Weil Kuhle Wampe eine coole Sache ist | Weil Hinterreifen auch brennend entsorgt werden können | Weil Motorradfahren keine Frage des Alters ist | Weil die Zukunft uns gehört

Mein ganz persönlicher Grund

**Weil man auf dem Motorrad Dinge erleben kann,
wie sie anders nicht zu erleben sind**

Das erste Mal war wie das erste Mal. Nur schneller. Bestimmt waren die beiden ersten Male etwas ungelenk, hastig und viel zu schnell vorbei. Kurzum alles andere als eine super Performance, aber beide Male wusste ich: Das ist es also, was das Leben an magischen Momenten bereithält. Davon kann es gar nicht genug geben! Und seit dieser ersten Fahrt mit der geliehenen Maschine eines Freundes hat mich die Faszination Motorradfahren nie wieder verlassen. Im Gegenteil, sie nimmt noch immer zu.

Angefangen hat es wie bei Millionen Jungs – und sehr vielen Mädels – im Kinderzimmer. Mit dem Poster eines namenlosen Rennfahrers an der Wand und einem Motorrad-Quartett, bei dem die Münch Trumpf war und alle anderen Karten in Grund und Boden spielte. Später unterbrachen wir das Kicken auf der Straße, als die großen Nachbarjungs auf den Mofas kamen. Sie waren schon von Weitem zu hören, wenn sie bis zum Anschlag Gas gaben auf ihren jaulenden Fahrrädern mit Hilfsmotor.

Als die Mofas von Mokicks abgelöst wurden, durfte ich hintendrauf mitfahren, wenn die Großen einen großzügigen Tag hatten und ihnen die Kleinen ausnahmsweise mal nicht peinlich waren. Mit 15 folgten endlich die ersten Fahrversuche im Wald, immer in Angst vor dem Förster oder gar einer Polizeistreife. Pünktlich zum 18. Geburtstag wurde der Schein gemacht – und mit dem geliehenen Motorrad des Freundes losgefahren. Hätte ich nicht gewusst, dass er ein bisschen nervös auf meine baldige Rückkehr wartete, ich wäre ewig weitergefahren. Ich wollte nie wieder absteigen.

Irgendwer hat Motorradfahren einmal als eine Kombination aus Reiten und Fliegen beschrieben, als eine Bewegung, die die dritte Dimension streift. Da ist was dran, es gibt diese Augenblicke, in denen man eins wird mit seinem Motorrad und am Scheitelpunkt einer Kurve oder beim Überfliegen einer Straßenkuppe kurze kosmische Gefühle erlebt, die mit nichts anderem zu vergleichen sind.

Es gibt noch unendlich mehr Gründe, Motorrad zu fahren. Die auf den folgenden Seiten genannten 111 Gründe sind weiß Gott nicht alle, sondern nur eine kleine Auswahl: Es geht um Männer und Frauen, die mit ihren Motorrädern Dinge erlebt haben, wie sie anders nicht zu erleben sind – auch wenn dafür manchmal hohe Preise gezahlt werden. Es geht um Techniker und Tüftler, die unbeirrbar realisiert haben, was als unrealistisch galt. Es geht um die Geheimnisse von Highway No 1 und von Alpenpässen, um Rekorde, Meisterleistungen und tragische Fehlschläge. Es geht um Bikertreffen als Zeitreisen und um Stilfragen beim Helmkauf. Immer aber geht es um Menschen und ihre Maschinen. Und natürlich auch ums Wetter: weil jedes Wetter Motorradwetter ist.

Wie sich die allererste Motorradfahrt anfühlte, daran erinnere ich mich in allen Details. Ich erinnere mich an den Fahrtwind und die Wärme der Sommerluft, an den Klang des Motors, die Beschleunigungskräfte, an das Tauchen in die erste Kurve. Und auch an den Motorradtyp erinnere ich mich genau. Das ist der Unterschied zum anderen ersten Mal.

Köln, im Frühjahr 2012

Martin Klein

Kapitel 1

Ein Motorrad ist mehr als ein Motor mit Rädern

Wenn der liebe Gott gewollt hätte, dass die Menschen laufen, hätte er nicht das Motorrad erfunden.

RALF WALDMANN

Weil ein Leben ohne Motorrad möglich, aber sinnlos ist

So lässt es sich frei nach Loriot auf den Punkt bringen. Eine Erkenntnis, die noch weit vor dem ersten Bartflaum reifte. Als kleiner Junge stellte ich mir das Erwachsenwerden vor wie ein steigendes Flugzeug, das durch die Wolken fliegt: Was wird passieren, wenn es in den Wolken verschwindet und selbst der Pilot nicht mal mehr drei Meter weit blicken kann? Aber vor allem: Was ist über den Wolken, wie sieht es aus, wenn sie auf einmal unter einem sind? Erwachsen zu werden erschien mir beängstigend. Aber am schlimmsten war die Vorstellung, erwachsen zu sein. Denn Erwachsene waren so … alt!

Von dieser Regel gab es nur wenige Ausnahmen – und diese Ausnahmen fuhren Motorrad. Motorradfahrer waren zwar auch erwachsen, aber anders. Sie gingen anders, nicht so steif und ungelenk, sondern lässig und schlurfend. Sie trugen keine Anzüge, sondern schwarze Jacken aus Leder mit Schnallen, Gürteln und hochgeschlagenen Kragen. Und wenn sie den Helm nicht auf dem Kopf hatten, dann trugen sie ihn am Arm wie kolossale Schmuckstücke.

An Motorradfahrerinnen erinnere ich mich kaum, aber an Beifahrerinnen, die in Leder, T-Shirt, Jeans und Stiefeln noch fantastischer aussahen als die Männer. Auf dem Schulhof machten verbotene Bilder die Runde: von Harley-Treffen im fernen Amerika, auf denen die Sozias sogar oben ohne zu sehen waren. Was für eine fremde und seltsame Welt und wie erstrebenswert! Von dieser Welt wollten wir Teil sein, sie war das einzige aufregende Versprechen, das uns das Erwachsenwerden gab. Wir hatten keine Ahnung, was uns die Schulzeit noch bringen sollte, keinen

Plan, in welche Jobs wir danach gehen könnten, eins war aber ausgemachte Sache: Sobald wir volljährig waren, würden wir den Motorradführerschein machen, unabhängig davon, ob das Geld danach noch für eine Karre reichen würde oder nicht.

Bis dahin wurde Motorradquartett gespielt, bis die Spielkarten so weich waren wie unsere Frottee-Schlafanzüge. Bis dahin wurden die Bonanzaräder mit zusätzlichen Scheinwerfern und Rückspiegeln versehen, an denen Fuchsschwänze oder bunte Flatterbänder befestigt waren. Bis dahin lag man abends fiebrig im Bett unter dem Poster von Giacomo Agostini auf MV Agusta. Beim Aufwachen vor der Schule lag Ago immer noch in der Kurve, genauso wie später beim lästigen Hausaufgabenmachen. Die nächsten Jahre wurden auf Mofas und Mokicks verbracht. Das Gefühl, bereits ein echter Motorradfahrer zu sein, fuhr in diesen Tagen immer mit – bis man mal wieder von einem richtigen Motorrad überholt wurde. Denn beachtet wurde man ja auf diesen Fahrrädern mit Hilfsmotor von Hercules, Zündapp, KTM oder Malaguti noch nicht. Motorradfahrer grüßen eben nur Motorradfahrer. Das hat sich bis heute nicht geändert und das ist auch gut so.

Der Schwur, den man als kleiner Junge abgelegt hatte, wurde natürlich eingelöst: Pünktlich zum 18. Geburtstag machte man den Führerschein, die heilige Klasse 1. Das erste eigene Motorrad löste dann das andere Versprechen ein: dass man nun zwar irgendwie erwachsen war, aber ganz, ganz anders.

Weil jedes Wetter Motorradwetter ist

In vollem Ornat, sprich: Motorradhelm, Motorradjacke, Motorradprotektoren, Motorradhose, Motorradhandschuhe, Motorradstiefel, ist es eigentlich immer zu warm. Am Baggersee kommen einem die anderen Gäste in Flipflops, Bermudas oder Bikinis entgegen, während man als sicherheitsbewusster Fahrer auftritt wie ein Feuerwehrmann nach getanem Großeinsatz: verschwitzte Haare, klebende Klamotten und dampfende Stiefel. Jeder Fahrer kennt das und jeder weiß, dass nun zwei Dinge zu tun sind, die sich zum Glück wunderbar ergänzen: langsam Richtung Strand schlendern und Haltung bewahren. Auf keinen Fall hektisch werden und Klamotten vom Leib reißen – voller Panik ob des drohenden Hitzetods –, sondern so cool bleiben wie ein Marine beim Einsatz im Irak. Der behält Helm, Handschuhe und schusssichere Weste ja auch bei 45 Grad im Schatten an und sei es wegen der Stechmücken. So sieht sich auch der Motorradfahrer als Kämpfer für eine gute Sache. Für die eigene, denn er hat wenig Lust, vierzig Meter in einer Badehose über den Asphalt zu rutschen, nur weil ihm das bisschen Gluthitze zu schaffen macht und er partout nicht mehr in die gepolsterte Hose schlüpfen will. Nein, lieber mit stoischer Miene auch die grausamste Schwüle aushalten, als gegen den Dresscode zu verstoßen. Umgekehrt nützt das beste Equipment nichts oder nur wenig, wenn es richtig scheißkalt ist, regnet, hagelt oder schneit. Dann ist es einfach irgendwann alles andere als vergnüglich. Doch auch hier hilft wieder ein Kniff aus dem Feld der Kriegsführung: die Vorfreude auf die schöne Zeit nach dem Sieg, aufs Veteranentum. Das nahezu eingefrorene Hirn freut sich, später einmal sagen zu können: Ja, ich war dabei! Wisst ihr noch, damals, Splügenpass und Stilfserjoch? War das eine barbarische Kälte! Unser ganz persönliches Stalingrad, allerdings mit komfortablem Ausgang. Happy End in einer gut beheizten bikerfreundlichen Pension, wenn nicht sogar in der Sauna eines feinen Hotels mit anschließendem Mehr-Gänge-Menü am Kamin.

Klar, es gibt beheizte Handgriffe und beheizbare Hosen, Heizwesten, sogar beheizbare Unterwäsche und Socken und für die Dame nicht zuletzt den beheizbaren Muff. Doch wer möchte schon als wandelnder Warmduscher durch den Eisregen fahren, ausgestattet wie ein elektrischer Christbaum mit Akku, Adapter, Kabel und Stecker? Nein, diese technischen Spielereien sorgen definitiv nicht für die wahre Gemütstemperatur des echten Bikers. Extremes Wetter, Hitze wie schneidende Kälte – eigentlich jedes Wetter ist Motorradwetter, es gilt nur, ein paar Mythen zu kreieren, und schon sind schäbige Schweißflecken oder bibbernde blaue Lippen der Stoff, aus dem wenig später heroische Benzingeschichten werden.

Weil Gott und Ralf Waldmann nicht wollen, dass man läuft

»Wenn der liebe Gott gewollt hätte, dass die Menschen laufen, hätte er nicht das Motorrad erfunden.« Wer so einen Spruch raushaut, verdient eigentlich ein eigenes Buch und nicht nur ein Kapitel. Denn Ralf Waldmanns Sprüche sind nicht nur Gags, beispielsweise seine Antwort auf die Frage nach mehr Sicherheit bei Motorradrennen. »Nur wenn Motorradrennen verboten werden, ist Sicherheit da«, sagte der 20-fache Grand-Prix-Sieger und zweifache Vize-Weltmeister. Ein solches Verbot will er freilich nicht, denn dann könnte man ja mit dem Verbieten gar nicht mehr aufhören: Radrennen, Bobrennen, Bergsteigen, Marathon, Reiten … Außer Schach und vielleicht noch Synchronschwimmen gibt es wenig Sportarten, die noch keine Toten hervorgebracht haben. Seinem eigenen Sohn, der sich anschickt, in die großen Motorradstiefel des Vaters zu steigen, würde Waldmann den Rennsport nie verbieten, er würde ihn aber auch nicht umstimmen wollen, wenn der keinen Bock mehr hätte, im Kreis zu fahren.

Ralf Waldmann nahm 1986 als 20-Jähriger an seiner ersten Weltmeisterschaft teil. Er debütierte auf dem Hockenheimring mit einer 80-ccm-Rieju. Das spanische Gerät warf ihn aber öfter ab. Erst mit besseren Maschinen blieb er länger im Sattel, wurde selbst immer besser und gewann 1991 mit einer Honda seinen ersten Grand Prix. Die 1990er hätten sein Jahrzehnt werden können, wenn da nicht dieser Italiener gewesen wäre: Max Biaggi, dessen Hinterreifen Waldmann fast immer vor seinem Vorderreifen hatte. Immerhin gab es außer Waldmann wenig Fahrer, die Biaggi überhaupt einmal Paroli bieten konnten.

Das Jahr 2000 war Waldmanns letztes WM-Jahr. Er versuchte es kurz mit Autorennen, doch dabei stellte er wohl fest, was er besser kann. 2005 startete er noch einmal in der Superbike-Klasse der Internationalen Deutschen Motorradmeisterschaft, dann war aber endgültig Schluss. Fast. 2009 feierte er als Ersatzfahrer beim Großen Preis von Großbritannien ein Mini-Comeback, bei dem er mit seiner Aprilia nach wenigen Runden stürzte und ausschied. Nun war es wirklich und für immer vorbei. Aber er durfte sich über einen ganz besonderen Ehrentitel freuen: Mit zwanzig Siegen bei 169 Grand-Prix-Rennen ist Ralf Waldmann der erfolgreichste Motorradfahrer in der Motorrad-WM-Geschichte, der nie Weltmeister wurde!

Sein nächster Coup war der Kauf von MZ im Jahr 2009. Mit dem Rennfahrerkollegen Martin Wimmer übernahm er in besten Sanierungsabsichten die Traditionsmarke, bei der es seit der Wiedervereinigung rumpelt, schleift und kracht. Vielleicht muss Ralf Waldmann ja mal wieder Gott ins Spiel bringen.

Weil Geld nicht alles ist

Wie bei allen Dingen geht es auch bei Motorradrennen um Geld. Um viel Geld. Richtig viel Geld. Wenn der Weltmeistertitelsammler Valentino Rossi vom italienischen Fiskus darauf hingewiesen wird, dass er für vier Jahre Steuern in einer Höhe von sechzig Millionen Euro nachzuzahlen habe, dann wird klar, dass nicht nur in der Formel 1 Reichtümer bewegt werden. Wer mitspielen will, sollte also zuallererst Kohle auf den Tisch legen. Das gilt besonders für die Orte, die Rennen veranstalten wollen. Und weil sich das Geld inzwischen auf eine Reise von Mitteleuropa nach Ländern wie Russland, China und Indien gemacht hat, ist Neu Delhi inzwischen für die Macher eine attraktive Alternative zum – sagen wir mal – Sachsenring. Da können die Sachsen noch so heftig mit schönen alten Schwarz-Weiß-Fotos aus der Vorkriegszeit winken, die smarten Chief Executive Officers der Lizenzagenturen beeindruckt das wenig, denn sie denken nicht in historischen Fotos, sondern in Zahlen mit möglichst vielen Stellen vor dem Komma. Was sind schon Bilder vom 26. Mai 1927, als in Sachsen vor mehr als 140.000 Zuschauern das erste Motorradrennen gestartet wurde – damals noch als Badberg-Viereck-Rennen –, gegen einen Scheck über drei Millionen Euro? So viel muss hinlegen, wer einen Motorrad-Grand-Prix anbieten möchte. Für Neu Delhi ist das seit einigen Jahren ein geringeres Problem als für den Osten der Bundesrepublik. Die Zukunft des Sachsenrings als Austragungsort des MotoGP ist ungewiss. Was bleibt, ist die einzigartige und unzerstörbare Historie im kollektiven Gedächtnis geschichtsbewusster Biker. Namen wie Ewald Kluge, Georg Meier, Jimmie Guthrie ragen aus der Vorkriegsgeschichte der Naturrennstrecke heraus.

Auch nach dem Krieg ging es bald erfolgreich weiter: 1950 hatte der Sachsenring mit 480.000 Besuchern allein am Rennsonntag seine Höchstmarke. Ab 1961 wurde der Große Preis der DDR auf dem Sachsenring ausgetragen, der mehrfach an Ikonen wie Mike Hailwood, Jim Read, Phil Redman und Giacomo Agostini ging. Auch der westdeutsche Rennfahrer Dieter Braun siegte in Ostdeutschland. Vielleicht war dieser Triumph des Klassenfeinds 1971 auch ein Grund, ab 1973 keine internationalen Rennen mehr zu starten, sondern nur noch Fahrer aus den Bruderländern einzuladen. Schon während Dieter Brauns Siegerehrung waren die Lautsprecher abgeschaltet worden, die bundesdeutsche Hymne sollte nun wirklich nicht durch das sozialistische Sachsen schallen. Braun war's egal, denn nun sangen die ostdeutschen Fans das westdeutsche Lied – laut und deutlich, soweit das auf Sächsisch möglich ist.

Gesamtdeutsch ging es erst 1990 weiter. Doch das neue Kapitel begann tragisch. Für die alte Rennstrecke, die auch durch Karl Mays Geburtsstadt Hohenstein-Ernstthal führte, wo die Zuschauer beinahe vom Bürgersteig aus die Maschinen hätten streicheln können, waren diese inzwischen zu schnell geworden. Am 8. Juli 1990, dem Sonntag, an dem Deutschland in Italien Fußballweltmeister wurde, starben bei dem Rennen, das ein Neuanfang werden sollte, drei Menschen. Damit war das neue Kapitel sehr schnell wieder beendet. Erst 1996 glückte der Neustart. Der neue Sachsenring hat Teile des alten integriert, aber Ortschaften samt Bordsteinkanten und Kanaldeckeln gehören jetzt nicht mehr dazu. 1998 kehrte der Grand-Prix-Zirkus nach Sachsen zurück, der mit zeitgemäßen Boxenanlagen, neuem Start- und Zielturm sowie modernster Race Control glänzt und auch wieder Hunderttausende Zuschauer an die Strecke lockt. Ob der Grand Prix auch in Zukunft in diese besondere Landschaft einfällt, hängt aber von all diesen Faktoren nur bedingt ab.

Weil zu viel Vernunft nach Unvernunft verlangt

Mit Erscheinen dieses Buchs ändert sich etwas im unendlichen Kosmos der Motorräder. Das hat zwar nichts mit dem Buch zu tun, darf aber nicht unerwähnt bleiben. Vielleicht ist es nur eine Momentaufnahme, eine Zeiterscheinung, vielleicht aber auch eine Trendwende von kontinentalem Ausmaß: Europa brummt und Japan kämpft – um Marktanteile. Waren Honda, Kawasaki, Yamaha und Suzuki seit den 1980ern marktbeherrschend und wechselten sich in schöner Eintracht als Marktführer ab, so präsentieren sich die europäischen Hersteller seit der Jahrtausendwende mit immer breiterer Brust. Mutig und mit Lust auf das Bike der Zukunft zeigten sich auf den jüngsten Motorradmessen die Hersteller aus Italien, aus England und aus Deutschland. Nach Jahren der Krise, sinkender Zulassungszahlen und einer spürbaren Richtungslosigkeit rauchten in den Zentralen der großen Schmieden die Köpfe und man fragte sich, wie es weitergehen soll.

Es gab zwei Möglichkeiten, sich der Zukunft zu stellen: vorsichtig, abwartend, defensiv und rational oder irrational, risikofreudig und mutig. Zwei Philosophien also. Man konnte sich sozusagen zwischen erfrischendem Offensivfußball und Mauern entscheiden. Für Letzteres entschieden sich – eigentlich überraschend – die Japaner, die mit Vernunftmodellen auf wirtschaftliche Schadensbegrenzung in der Krise setzen. Dagegen will Europa mit Vollgas aus der Krise fahren und zeigt provozierende, aufreizende und verführerische Entwürfe.

Beispiel Ducati: Die sportlichen Italiener, die keine 50.000 Maschinen im Jahr verkaufen, haben mit der 1199Panigale ein Superbike in die Welt gesetzt, an dem nur der achtlos vorbeigeht, dessen Blut oktanfrei ist. Dass Ducati mit der Panigale ganz bei sich ist, zeigt schon der Name. Benannt ist die Maschine nach jenem Stadtteil von Bologna, in dem die Schmiede seit Gründung ihren Sitz hat. 195 PS leistet der Zweizylinder der roten Panigale, die Auge und Seele stimuliert und manipuliert, bis man so weich in der Birne ist, die geforderten zwanzig 1000-Euro-Scheine auf den Tisch zu legen. Auch Aprilia und MV Agusta mit der Brutale 675 setzen Maßstäbe und zelebrieren die neue Philosophie: Wenn in der Krise nur noch Vernunft gefragt ist, geht die Lebensfreude verloren, also lasst uns unvernünftig sein!

So südeuropäisch denkt BMW nicht, auch wenn München schon fast in Italien liegt. Mit der R 1200 GS haben die Bayern das seit Jahren meistverkaufte Motorrad. Das ohnehin schon innovative Gerät mit immer weiteren Innovationen zu verfeinern genügt, um diese Position zu halten, während die Kollegen von Triumph auf der Insel immer neu beweisen, dass vier Zylinder einer zu viel sind.

Eins wird klar: Die Europäer setzen in der Krise auf Käufer, die nur aus der Zeitung erfahren, dass Krise ist, weil sie es im eigenen Portemonnaie kaum spüren. Mit wenig Geld in der Hose müssen europäische Maschinen ein Poster an der Wand bleiben. Erschwinglicher sind die Japaner. Ob Honda mit der neuen 700er-Linie, Suzuki mit einer kleinen 250er, Einsteiger und Sparer werden mit unkomplizierten Modellen gezielt umworben. Aber die Avantgarde hat ihre Heimat bis auf Weiteres nicht in Asien, sondern im guten alten Europa.

weil stehen steherqualitäten verlangt

Es gibt Sportarten, die fordern einem Respekt, Hochachtung und mindestens fünfzig tiefe Verbeugungen ab, obwohl man sie nie richtig kapieren wird. Baseball, Kricket und Krocket gehören dazu – oder auch Gehen. Obwohl eine olympische Disziplin, sieht's seltsam bescheuert aus, besonders wenn die Geher gar nicht mehr stehen bleiben wollen, selbst wenn die Ziellinie schon längst überschritten ist.

Auch der Motorsport wartet mit einer Disziplin auf, die auf Unbeteiligte mehr als sonderbar wirkt: das Steherrennen. Da steht ein Mensch auf seinem Motorrad, obwohl er doch auch sitzen könnte, und dreht in einem Oval stoisch seine Runden. Hinter ihm schindet sich ein anderer Mensch auf seinem Rennrad, klebt förmlich im Windschatten des Motorradfahrers und gibt alles, um den Anschluss nicht zu verlieren. Zwischen dem Motorradfahrer, der sich so breit wie möglich macht, um einen möglichst großen Windschatten zu erzeugen, und dem Radfahrer befindet sich die charakteristische Rolle, die zum Steherrennen gehört wie die Nasenklammer zum Synchronschwimmen. Die hinten am Motorrad angebrachte Abstandsrolle sollte möglichst nicht berührt werden, da die Reibung Kraft und Zeit kosten würde. Der Abstand zur Rolle darf aber auch nicht zu groß werden, um nicht aus dem Windschatten zu geraten. Das würde den Radfahrer zurückwerfen oder – um es mit einer Redensart zu sagen, die in diesem Sport ihren Ursprung haben soll – er wäre »von der Rolle«.

Ende des 19. Jahrhunderts, als dieser Sport aufkam und sehr schnell zum Publikumsmagneten avancierte, wurde noch ohne Rolle gefahren. Vorschrift wurde die Schutzrolle erst nach der

Berliner Rennbahnkatastrophe vom 18. Juli 1909. Da kam es auf der neuen Radrennbahn Botanischer Garten zu einem Unglück, als ein Motorrad auf die Holztribüne geschleudert wurde und explodierte. Neun Menschen starben in den Flammen, mehr als vierzig wurden verletzt.

Zu einem weitverbreiteten Missverständnis im Zusammenhang mit Steherrennen führt bereits der Name. Er kommt keineswegs daher, dass der Motorradfahrer, der in diesem Sport als Schrittmacher bezeichnet wird, steht. Die Rennen heißen so, weil der Radfahrer Steherqualitäten beweisen muss, um Distanzen von fünfzig oder hundert Kilometern bei konstant hohem Tempo durchzustehen. »Steher« wurde vom englischen »Stayer« bei Pferderennen abgeleitet, während der Sport in Deutschland zunächst auch unter dem Begriff »Dauerrennen« lief.

Im Rahmen von Sechs-Tage-Rennen waren diese Rennen einst absoluter Publikumsmagnet. Doch irgendwann traf dieser Zwitter aus Motorsport und Radrennen den Nerv der Zuschauer nicht mehr. Seit 1994 gibt's keine Weltmeisterschaften mehr, immerhin aber tragen ein paar Länder – darunter auch Deutschland – noch Europameisterschaften aus. Berlin und Nürnberg, also Städte mit großer Zweiradvergangenheit, sind regelmäßig Gastgeber für die Dauerfahrer. Auch auf der ältesten Radrennbahn der Welt – Andreasried in Leipzig, 1885 mit einer Sandbahn eröffnet – werden solche Wettbewerbe ausgetragen. Darunter gibt es lange Nächte, bei denen, um den Begriff ein letztes Mal zu strapazieren, auch vom Publikum Steherqualitäten verlangt werden.

Auch Steherrennen bringen ihre Stars hervor, nur werden diese selten Sportler des Jahres. Helmut Baur ist so ein Superstar der Steherszene. Er wurde mehrfach Deutscher und Schweizer Meister. Das ist möglich, weil die Nationalität des Radfahrers entscheidend ist. Wenn Baur also Schrittmacher des Schweizer Stehers Peter Jörg ist und dieser die Meisterschaften seines Landes gewinnt, dann ist auch Baur Schweizer Meister. Sprachprobleme gibt's sowieso nicht, die Teams werfen sich lediglich international festgelegte Kommandos zu. Helmut Baur ist übrigens Jahrgang 1944, aber immer noch aktiv – jetzt aber wirklich keine Witze mehr über Steherqualitäten.

weil es industriegeschichte erzählt

Lassen wir NSU, DKW, Horex und all die anderen großen Toten mal beiseite: Wer erinnert sich noch an Rabeneick oder Böhmerland, an Krieger-Gnädig, an Hulla, Lito oder Rixe? Die Liste der verblichenen Motorradmarken, die aus dem kollektiven Gedächtnis verschwunden sind, ist lang. Allein Wikipedia nennt weit über 200 Namen, manche so wohlklingend wie Orionette oder Viratelle, einige kurz und pragmatisch wie A.W.D. oder Mota, andere Marken trugen selbstbewusst die Namen ihrer Väter: Rickman, Ardie, Dürkopp.

Die Geschichte der ehemaligen Motorradmarken ist immer auch Industrie- und Zeitgeschichte. Die Schauplätze in Deutschland sind vor allem Berlin, Nürnberg, Zschopau und Köln. Ja, sogar Köln, das heute keiner mehr mit dem Bau von Motorrädern in Verbindung bringt, sondern nur noch mit dem Einsturz von Stadtarchiven und den regelmäßigen Abstürzen seines größten Fußballvereins.

Der stolze Name einer dieser Kölner Motorradfirma, die gerade mal ein Jahrzehnt existierte und trotzdem Duftmarken setzen konnte, war Imperia. 1924 wurde die Firma als Kölner Motorrad- und Maschinenbau Dr. Franz Becker gegründet, ein Jahr später folgte die Umbenennung. Bester Mann an Bord war Ernst Loof, der als Teilhaber, Ingenieur und Werksrennfahrer fungierte. 1932 und 1933 machte er die Marke mit Siegen bei den Eifelrennen auf dem Nürburgring international bekannt. Auch bei Bergrennen und als Seitenwagenfahrer war er erfolgreich. Imperia verwendete Einzylinder-Motoren des englischen Herstellers Rudge – und genau das führte dann auch das Ende dieser kurzen Erfolgsgeschichte herbei. Denn am Vorabend des

Zweiten Weltkriegs stellten die Engländer die Lieferung ihrer Motoren an den zukünftigen Kriegsgegner ein. Die Versuche, einen eigenen Zweitakter zu konstruieren, scheiterten an den Entwicklungskosten. 1935 musste Imperia den Motorradbau aufgeben.

An der Motorradmarke Krieger-Gnädig ist die ganze Geschichte des Deutschen Reichs abzulesen. Karl Krieger war der Fahrer von Kaiser Wilhelm. Zunächst war er begeistert von der Fliegerei, baute kleine Eindecker und erwarb eine Fluglizenz, die ihm nichts mehr nützte, als der Versailler Vertrag nach verlorenem Ersten Weltkrieg den Flugbetrieb in Deutschland massiv einschränkte. Mit seinen Brüdern und dem Konstrukteur Franz Gnädig verlegte sich Krieger auf den Motorradbau und entwickelte noch vor BMW einen Kardanantrieb. Ihr Einzylinder-Blockmotor mit 500 ccm Hubraum verfügte über zwei Ölpumpen – auch das war revolutionär. Doch die Zeiten waren schwer und die Inflation hoch, daher wurde das Unternehmen 1922 von den Cito-Werken übernommen, die ihrerseits ein Jahr später von der Kölner Schmiede KLM aufgekauft wurden, die unter anderem die Motorradmarke Allright verantworteten. Das Motorrad Original Allright K-G wurde noch bis 1931 gefertigt.

Die weitere Unternehmensgeschichte ist gezeichnet von der Katastrophe, die sich bereits anbahnte: Jüdische Ingenieure und Teilhaber mussten gehen, wurden enteignet, deportiert und ermordet. Mit Kriegsende waren sehr viele dieser Geschichten zu Ende.

Weil es gar nicht schnell genug gehen kann

Seit sich der Mensch bewegt, versucht er, schneller zu werden. Usain Bolt läuft hundert Meter mit einer Geschwindigkeit von fast 45 km/h – als Mofa wäre er damit stillgelegt worden, für einen Radfahrer wäre das aber ein guter Schnitt. Der Niederländer Fred Rompelberg aber kann richtig flott radeln: 269 km/h fuhr der Radsportler kurz vor seinem fünfzigsten Geburtstag auf einem Salzsee in Utah, dem Hotspot aller Highspeed-Junkies. Im Windschatten eines Dragsters mit einer großen Windschutzhaube am Heck gelang ihm 1995 dieser unfassbare Rekord auf einem Fahrrad.

Bereits 1903 wurde auf Schienen die 200-km/h-Grenze durchbrochen, inzwischen geht's mit Volldampf auf die 600er-Marke zu – auch ohne Transrapid. In der Luft bewegt sich der Mensch, seit er fliegen kann, noch zügiger und das kann er noch gar nicht so lange. Swetlana Sawizkaja wurde Heldin der Sowjetunion als schnellste Frau. 1975 flog sie mit ihrer MIG 25 satte 2683 km/h. Die Ehre der USA und der Männer stellte im folgenden Jahr Eldon Joersz wieder her – mit einer Lockheed SR-71 und 3529 km/h.

Bleiben wir am Boden und staunen, was mit Motorrädern möglich ist. Seit erstmals ein Verbrennungsmotor zwischen zwei Räder geklemmt wurde, wird ausgelotet, welche Geschwindigkeiten möglich sind. Der Motorrad-Weltverband FIM stoppt seit 1920 eifrig mit und hielt in diesem ersten Jahr die Bestzeit von Ernest Walker fest. Mit seiner 994-ccm-Indian schaffte Walker 167 km/h. 200 km/h schaffte acht Jahre später erstmals der Brite Oliver Baldwin ganz knapp mit einer Zenith-JAP. Zenith war zu dieser Zeit das Maß aller Dinge, wenn's schnell gehen sollte. Das führte sogar dazu, dass die Engländer wegen ihrer drückenden

Überlegenheit von vielen Rennveranstaltern ausgesperrt wurden. Die Engländer wiederum machten das Beste daraus und nahmen einen Hinweis darauf in ihr Logo auf, das ein Motorrad hinter Gittern zeigte und dazu den Schriftzug »Barred« – gesperrt.

Jetzt wollten aber auch die Ingenieure in München zeigen, was sie konnten, und schickten ihre BMW-Maschinen mit Ernst Henne ins Rennen. 1929 fuhr Henne seinen ersten Rekord mit 216 km/h, nach zahlreichen weiteren Weltrekorden war er im Jahr 1937 bei 280 km/h angekommen, gefahren auf einem gesperrten Teilstück der Autobahn Frankfurt – Darmstadt. Die stetige Steigerung der Geschwindigkeiten verdankte der Weltrekordler der immer weiter verbesserten Aerodynamik. Anfangs startete er noch ohne Verkleidung, dann bekam er einen tropfenförmigen Helm und einen Spoiler, der ihm einfach an den Hintern geschnallt wurde. Schließlich kamen Windkanal-geteste Vollverkleidungen zum Zuge. Henne hielt seinen Rekord von 1937 14 Jahre lang, erst 1951 war ein weiterer Deutscher mit einem anderen deutschen Fabrikat schneller: Wilhelm Herz auf NSU. Dessen Delphin war ein Meisterstück der Verkleidung, er ähnelte weniger einem Straßenmotorrad denn einem Torpedo. So fuhr dieser Delphin auch: 290 km/h und 1956 sogar 338 km/h. Dann war's vorbei mit der europäischen Vorherrschaft.

Seit den 1960ern reizen amerikanische Piloten in ihren Salzwüsten immer neue Geschwindigkeiten aus. Im September 2010 schraubte Rocky Robinson zwei Suzuki-Motoren mit zusammen 2600 ccm in seinen überlangen Dildo und stellte mit 606 km/h einen Rekord auf, der eins ganz bestimmt nicht sein wird: der letzte.

Weil man gar nicht früh genug anfangen kann

2011 muss über Deutschland mehr Benzin als gewöhnlich in der Luft gelegen haben. Erst stand Sebastian Vettel als Weltmeister in der Formel 1 fest, dann wurde Motorrad-Pilot Stefan Bradl Moto2-Weltmeister, schließlich gelang Ken Roczen dieser Triumph beim Motocross. Der Weltmeisterschaftsgewinn des Teenagers aus Thüringen ging dabei zunächst ein wenig unter, weil Motocross nicht gerade auf den Titelseiten der Tageszeitungen zu finden ist.

Roczen wurde im Oktober 2011 als 17-Jähriger Weltmeister, zu diesem Zeitpunkt war er bereits ein ganz alter Hase mit über mehr als 14 Jahren Motocross-Erfahrung. Denn Ken war zweieinhalb, als er zum ersten Mal auf einer Motocross-Maschine Platz nahm. In einem Alter also, in dem Gleichaltrige auf dem Kinderstühlchen hin und her rutschen und kaum geradeaus laufen können. Dann geht's ganz schnell: mit drei Jahren die ersten Rennen, mit sechs im Jahr 2000 erstmals Gewinner der DJFM-Outdoormeisterschaften, mit zwölf Gewinner des ADAC MX Junior-Cups, mit 13 Jahren Weltmeister bei der Junioren-WM 2007. Zwei Jahre später dann Gewinner des Großen Preises von Deutschland sowie erstmals die Teilnahme an den MX2-WM.

2011 schließlich gewann er vier Rennen vor Ende der Saison den MX2-Weltmeistertitel im schwäbischen Gaildorf. So cool er seine Rennen fährt, so hemmungslos lässt er hinterher seinen Tränen freien Lauf. Er sei eben ein richtiger Racer und ein wahrer Champion, sagt Kens Rennchef Pit Beirer, der nach einem Motocross-Unfall querschnittsgelähmt im Rollstuhl sitzt. Ken könne immer dann seine Qualitäten abrufen, wenn es darauf ankomme.

Bei all seinen Siegen war Ken immer der jüngste Fahrer. Jung, aber nicht unreif. »Ich habe Spaß am Fahren, aber ich fahre nicht zum Spaß«, sagt er gern und: »Warum soll ich mich damit begnügen, Zweiter zu werden?« Wie bei Stefan Bradl liegt's bei ihm in den Genen und in der Familie. In beiden Fällen waren schon die Väter aktive Motorradsportler, wenn auch bei Weitem nicht so erfolgreich wie die Söhne, die eine Generation später den Sack zumachen. Kens Vorbild jedoch war nicht der Vater, sondern der letzte deutsche Motocross-Weltmeister: Paul Friedrichs, der 43 Jahre vor Ken den Weltmeistertitel nach Deutschland holte, damals nach Ostdeutschland. Der Erfurter Friedrichs hatte in den 1960ern einen ordentlichen Hattrick hingelegt: 1966 wurde er auf seiner Zweitakter-CZ erstmals Weltmeister in der 500-ccm-Klasse und verteidigte diesen Titel die nächsten zwei Jahre. Mittlerweile über siebzig Jahre alt, gehörte Friedrichs zu Ken Roczens ersten Gratulanten. Gleich nach den Eltern, die bei ihrem Sohn angestellt und immer dabei sind.

Der Weltmeistertitel 2011 ist der vorläufige Höhepunkt einer Laufbahn, die Ken Roczen über den Atlantik führt. Denn statt in die Klasse MX1 aufzusteigen, sucht er das Glück und neue Herausforderungen in Amerika. Der junge Ehrenbürger seines thüringischen Städtchens Mattstedt sieht in Kalifornien bessere Möglichkeiten, seine Qualitäten vor großem Publikum zu zeigen und zu versilbern. Fan-Artikel mit der Startnummer 94, seinem Geburtsjahr, liefen bereits ganz fantastisch, als Ken Anfang 2011 probeweise ein paar Rennen in den USA mitfuhr und das Finale in Las Vegas gewann – vor 70.000 Zuschauern. Zwischen Motocross in Europa und Supercross in Amerika bestehen große Unterschiede: Hier wird draußen gefahren, drüben in Hallen, hier werden in der Regel zweimal vierzig Minuten gefahren, in den USA dauert ein Rennen 15 Minuten. Ken Roczen weiß, dass er sich in den großen Baseballstadien an der Westküste Amerikas durchsetzen wird – er hat kein Rückflugticket gekauft.

Weil die Lobby gute Arbeit macht

Europäische Lobbypolitik – das weckt fiese Assoziationen. Man denkt sofort an heimliche Absprachen in Hinterzimmern und Hotelbars, an schmierige Anzugträger, die in feinen Restaurants diskret Schecks über den Tisch schieben, um beim Verkauf von Waffen vielleicht doch eine kleine gesetzliche Ausnahme erwirken zu können, an Pharma-Vertreter, die billige Wettbewerber nicht auf den europäischen Markt lassen wollen, an große Versicherungen, die es für der Sache dienlich halten, wenn vertrauliche Gespräche am besten im Bordell stattfinden. Lobbypolitik wirkt oft schäbig und böse. Dabei versuchen natürlich auch die »Guten« Einfluss zu nehmen in Brüssel, Straßburg und in sämtlichen Hauptstädten Europas. Also auch Menschenrechtler, Naturschützer, Motorradfahrer ... Motorradfahrer?! Oh ja, die hochoffizielle Lobby der Biker sitzt in Brüssel und heißt FEMA – Federation of European Motorcyclists' Associations.

Die Idee, sich europapolitisch zu positionieren, entstand im Sommer 1988 mit Gründung der FEM (Federation of European Motorcyclists). Auf deutscher Seite als Gründungsmitglied dabei: der Biker-Verband Kuhle Wampe. Zehn Jahre später schloss sich die Interessengemeinschaft mit der European Motorcyclists' Association zur FEMA zusammen. 24 nationale Organisationen aus 19 Ländern Europas sind in der FEMA vertreten und nehmen die Interessen von 350.000 europäischen Motorradfahrern wahr. Immer mehr Regelungen und Gesetze, die auch oder nur Biker betreffen, werden auf europäischer Ebene gestaltet. Einer der ersten Erfolge der FEMA war in den 1990ern das Kippen der 100-PS-Grenze für Motorräder. Um sich Gehör zu verschaffen, wurden europaweite Demos organisiert. Bereits in den 90ern fuhren in Paris 20.000 und in Brüssel sogar 30.000 Motorrad-fahrer mit ihren Maschinen auf die Straße.

Die schlimmsten Gegner der Rechte der Biker seien die Ahnungslosen, beteuern die FEMA-Vertreter, und in Brüssels Hinterbänken wimmelt es von Abgeordneten, für die Motor-räder ausschließlich für Lärm und Gefahr stehen. Oder für völlig nichtsnutziges Privatvergnügen. Denen hält die Biker-Lobby unter anderem entgegen, dass das Motorrad als Einspurfahrzeug einiges gegen Staus und den drohenden Verkehrskollaps in den Metropolen leisten kann.

Gleichzeitig erkennt die FEMA an, dass auch Motorräder ihre Beiträge zum Umweltschutz leisten müssen. Doch statt Fahr-einschränkungen werden innovative technische Lösungen gefor-dert und gefördert. Weil die Erderwärmung eben kein regionales Phänomen ist, wird global gedacht und gehandelt. So koope-rieren FEMA und AMA, die American Motoryclist Association, und nutzen den beratenden Status bei den Vereinten Nationen.

Vor lauter Lobbypolitik, Aktenstudiererei und Mund-fusselig-Reden verlieren die Motorrad fahrenden Europaabgeordneten und Interessenvertreter nie aus dem Auge, was aus ihrer Sicht das Wichtigste ist. Die zwei höchsten Ziele hat die FEMA in ihrer Charta schriftlich festgehalten: Freedom und Fun.

Kapitel 2

Bikes im Film

Jedes Mal, wenn die Welt um mich herum nur noch schlecht ist, denke ich an die Leute da draußen, die eine gute Zeit auf dem Motorrad haben. Das gibt mir eine andere Perspektive.

STEVE MCQUEEN

weil steve mcqueen fuhr, wie er lebte

Für seinen Film *Ich, Tom Horn* lud Steve McQueen, damals Mitte vierzig, das halb so alte Fotomodel Barbara Minty zum Essen ins noble Beverly Wilshire Hotel ein, wo der »King of Cool« – so sein Hollywood-Etikett, das er bis heute nicht abgeben musste – als Dauergast eine Suite unterm Dach bewohnte. Auf einem Flug hatte er im Bordmagazin eine Club-Med-Reklame mit Barbara gesehen und wollte sie in seinem neuen Film als indianische Ehefrau besetzen. Wer den Film gesehen hat, weiß jedoch, dass dort gar keine indianische Ehefrau vorkommt. McQueen hatte das Vorsprechen nur deshalb inszeniert, weil er nach einer neuen Frau für seine Sammlung suchte. Was beide nicht ahnten – es wurde mehr daraus. Für beide war es Liebe auf den ersten Blick und Barbara zog zu McQueen in dessen Villa am Meer in Trancas Beach nahe dem Pacific Coast Highway. Nein sagen hätte Barbara gar nicht gekonnt, erklärte sie Jahrzehnte später in ihren Erinnerungen *Mein McQueen*, denn er hätte keine andere Antwort akzeptiert. Was das mit Motorrädern zu tun hat? Steve McQueen nahm sich, was er wollte, und er wollte einiges: Frauen, Sportwagen, Flugzeuge und mehr als hundert Motorräder.

Vielleicht wird kein Foto dem Schauspieler so gerecht wie das auf dem Titel der *Sports Illustrated* vom August 1971. Es zeigt McQueen auf seiner roten Husky, einer Husqvarna 400. Die Motocross-Maschine steigt auf dem Hinterrad aus einem graubraunen Untergrund auf und hinterlässt eine beeindruckende Staubwolke. McQueen beißt sich auf die Unterlippe, was gleichzeitig Anstrengung und unbändigen Spaß verrät. Doch was das Foto bei Erscheinen so legendär machte, war der Umstand, dass der Fahrer mit nacktem Oberkörper zu sehen war, muskulös und braun gebrannt. Ein männliches Pin-up. Ein Skandälchen in einem Amerika, das damals so prüde war, wie es gerade wieder wird.

Die Zeile zu diesem Foto auf der *Sports illustrated* lautete: »Steve McQueen escapes on wheels«. Gemeint war die Flucht vor einer spießigen Gesellschaft, vor muffigem Sicherheitsdenken, aber auch vor den eigenen Dämonen. Denn der Schauspieler – so sein Biograf Christopher Sandford – litt unter manisch-depressiven Stimmungen, kamen dann noch Drogen und Alkohol hinzu, neigte er zu Gewaltausbrüchen. Das Motorradfahren empfand er in solchen Momenten als selbst verordnete Therapie. »Jedes Mal, wenn die Welt um mich herum nur noch schlecht ist, denke ich an Leute da draußen, die eine gute Zeit auf dem Motorrad haben. Das gibt mir eine andere Perspektive«, wird McQueen von seinem Biografen zitiert.

Ihn persönlich auf dem Motorrad sitzen zu sehen, dieses Glück hatten in Deutschland nur die Motorrad-Fans im Osten. 1964 gehörte der Schauspieler zum amerikanischen Team bei der Internationalen Six-Days-Trial in der DDR, die er in Erfurt jedoch vorzeitig mit geprellten Rippen beenden musste. Sensationell war der Start trotzdem, denn es war das erste Mal, dass ein US-Team an einem Rennen hinter dem Eisernen Vorhang teilnahm. Dass da echte Amerikaner – also Cowboys – im Thüringer Wald am Start waren, das stellte McQueen auf seiner Triumph mit der Startnummer 278 für die Fotografen eindrucksvoll heraus: Ein Schwarz-Weiß-Bild zeigt den lässigen Mimen in voller Montur startklar auf seiner TR6SC – mit Zigarette im Mund.

Nach seinem Sturz und Ausscheiden flog McQueen nach London, um über zwei neue Rollen zu verhandeln, die er schließlich auch spielte: *The Cincinnati Kid* und *Bullit*. Beide Filme brachten ihm noch mehr Ruhm und eine Menge Geld ein. Einen Teil dieses Geldes investierte er später in einen Film, der von Motorrädern handelt: *On any Sunday,* aber das ist eine andere Geschichte …

Mit seiner letzten Frau Barbara sollte Steve McQueen nur drei Jahre zusammenleben, die aber waren aufregend. Auf der Suche nach einer Ranch wohnte das Paar zeitweise in McQueens Hangar. Es war als Übergangslösung gedacht, aber seine Witwe ist überzeugt, dass Steve am liebsten immer dort gelebt hätte, auch wenn man sich bereits beim Aufstehen an Propellern oder Motorradlenkern stoßen konnte.

McQueen starb 1980 an Lungenkrebs. Vielleicht saß er in seinen letzten Sekunden auf dem Weg ins Nirwana auf dem Rücken seiner roten Husky.

Weil George Clooney es auch tut

Von »The sexiest man alive« George Clooney ist bekannt, dass er sich bei jeder Gelegenheit auf seine Harley schwingt. Man weiß aber auch, dass er des Öfteren unfreiwillig absteigt. »Nach Töff-Unfall – George Clooney im Spital von Lugano«, titelte das Schweizer Boulevard-Blatt *Blick* im Sommer 2009 (»Töff« ist niedliches Schwyzerdütsch für Motorrad). Es folgte die Auflistung allsommerlicher Stürze des smarten Mimen in seiner zweiten Heimat Italien. Schon im Vorsommer hatte sich Clooney bei einer Spritztour am Comer See mit seiner Harley hingelegt. Dabei hatte sich seine damalige Freundin Sarah Larson am Bein verletzt und musste ihn auf Krücken zu Empfängen begleiten. Der Schauspieler trug zwar keine sichtbaren Verletzungen davon, ließ sich aber einen dichten Vollbart wachsen – vielleicht schämte er sich ja ein bisschen.

George Clooneys Domizil Villa Oleandra ist hinter meterhohen Mauern versteckt und von Eisenzäunen gesichert. Es befindet sich in Laglio am Comer See, einem kleinen verschlafenen norditalienischen Dorf, eine knappe Viertelstunde von Como entfernt. Von der Landseite her ist nur die Rückseite des Prachtbaus zu sehen, richtig gut zu bestaunen ist die ganze Schönheit der Villa nur von der Seeseite aus. Also lässt es sich kein Skipper nehmen, hier eine Extra-Runde zu drehen. Wenn Clooney vor Ort ist und gesichtet wird, ist dies sofort eine Meldung in den lokalen Gazetten wert. Die Menschen dort in der Lombardei sind schon stolz darauf, dass sich einer der größten Hollywood-Stars, dazu noch einer der sympathischsten, bei ihnen niedergelassen hat. Jeder, der ihn noch nicht gesehen hat, gibt alles, um diesen Zustand zu ändern, was ziemlich einfach zu sein scheint: Wer am herrlichen Comer See Motorrad fährt, ist mit Sicherheit auf den reizvollen Uferstraßen unterwegs. Zur einen Seite hat man den Blick aufs Wasser, zur anderen auf die imposanten Berge. Also ist doch anzunehmen, dass auch George Clooney manchmal mit seinem Motorrad die Uferstraßen entlangfährt, es gibt faktisch keine Alternativen. Und doch bekommt ihn kaum einer zu Gesicht, nicht einmal die vielen Motorradfahrer in der Region – Einheimische wie Touristen. Und so sitzen die Biker, die so gern mal ein paar Kilometer hinter ihm herrollen würden, in den Straßencafés und beobachten jeden Harley-Fahrer mit Argusaugen. Manche kommen zu dem Schluss, dass man vielleicht besser in die Schweiz fahren und vor den Pforten des Spitals von Lugano geduldig auf Clooney warten sollte. Irgendwann schmeißt er sein Töff bestimmt wieder hin.

Weil ... Angelina Jolie!

Rankings sind eine tolle Sache, sie sind subjektiv bis zum Umfallen, sehen aber so amtlich aus wie eine Statistik des Einwohnermeldeamts. Es gibt welche zu den größten Versprechern aller Zeiten, den hässlichsten Frisuren, den schlimmsten Stil-Sünden, den schlechtesten Straßen, den nervigsten Radarkontrollen ... Aus allem lassen sich Rankings aufstellen, ganze Fernsehsender leben davon. Versicherungen würden so etwas nie machen, sie veröffentlichen Zahlen und Fakten: die häufigsten Unfälle im Haushalt (Bügeleisen, Steckdose, Dusche), die riskantesten Sportarten (Base Jumping, Mountainbiking, S-Bahn-Surfen, Kettenrauchen, Sex im Urlaub), die häufigsten Unfallursachen im Verkehr (zu schnell, zu blau, zu blind, zu doof).

Manchmal wollen aber auch Versicherungen Spaß haben, dann schicken sie ihre Anzugträger an die Copacabana oder um die Ecke in den Puff oder sie machen auch mal ein total subjektives Ranking.

So hat Bennett's, die größte Motorradversicherung Großbritanniens, die Top Five der besten Motorradstunts im Kino zusammengestellt. Von unten nach oben: Auf Platz 5 rangiert *Terminator 2*. Es geht um die fast fünf Minuten lange Sequenz, in der der fiese Terminator mit einem schwarzen Truck den armen Jungen auf der kleinen roten Enduro jagt, bis sich endlich der gute Arnie einschaltet. Mit seiner Fat Boy setzt er sich vor den Truck, dem er dann sauber die Reifen zerschießt. Der unkontrollierbar gewordene Laster endet als Feuerball an einer Brücke. Wirklich gut gemacht!

Platz 4 in den Versicherungs-Charts nimmt *Matrix Reloaded* ein. Gelobt wird die Sequenz, in der die Ducati in höllisch schneller Geisterfahrt auf der Autobahn vor der Polizei flüchtet und feine Slalomeinlagen im Gegenverkehr vorführt.

Der dritte Platz geht an *Top Gun*. Tom Cruise versucht auf seiner Ninja mit startenden Kampfjets Schritt zu halten. Das will nicht so ganz klappen, zumal er ja nur mit dem Vorderrad abheben kann. Der junge Cruise samt RayBan und seiner Ninja und der dekorative Sonnenuntergang sehen aber trotzdem super aus.

Auf Platz 2 rangiert ein Klassiker: *Gesprengte Ketten* mit Steve McQueen von 1963. In diesem Kriegsdrama flieht McQueen auf einem Motorrad vor deutschen Soldaten. Er sitzt auf einer Wehrmachts-BMW, die keine ist, sondern eine für den Film umgebaute 650er Triumph. McQuenn hatte befürchtet, dass eine alte Original-BMW den Belastungen des Stunts nicht standhalten könnte. Er drehte die meisten der halsbrecherischen Szenen selbst, nur den Sprung über einen Stacheldrahtverhau überließ er seinem Kumpel und ständigen Stuntman Bud Ekins.

Welcher Film aber belegt nun Platz 1? Es ist kein *James Bond*, nicht *Mission Impossible* und auch nicht *Mad Max*. Es ist *Tomb Raider*. Dabei sind die Motorradstunts hier wahrlich nicht so spektakulär, als dass diese den ersten Platz erklären könnten. Den Ausschlag gab wohl die Fahrerin: Angelina Jolie in ihrer sexysten Rolle als Lara Croft, die Verkörperung aller Biker-Fantasien. Sie kann einfach alles: beherzt zulangen, schrauben, schmollen, Saltos schlagen, fliegen und ganz toll duschen. Sie sieht in allen Klamotten umwerfend aus, Hauptsache eng. Ja, mit Angelina als Ranking-Queen haben die Kollegen in England eine gute Wahl getroffen.

Weil der König nicht zu Fuß geht

Der Film *König der heißen Rhythmen* ist, um es vorsichtig aus-
zudrücken, nicht der wichtigste, der jemals gemacht wurde. Aber
das Motorrad ist schön. Und sein Fahrer ein König. Der König.
Elvis Presley – the King of Rock'n'Roll. Das Motorrad, mit dem
er durch *Roustabout* fährt, wie der Film von 1964 im Original
heißt, ist eine Honda Superhawk 350. Blutrot, mit viel Chrom
und gewaltigen Sturzbügeln. Wenig später, wenn ihn ein Jeep
von der Straße drängt, wird er die auch brauchen. Hinten an
der Honda sieht man eine Gepäckrolle und seine Gitarre. Den
noch schlanken Körper des King ziert eine schwarze Lederjacke
und natürlich trägt er keinen Helm, der die Tolle hätte ruinieren
können. Auch in seinem 16. Film musste Elvis tun, was er in den
meisten seiner nicht immer hochklassigen Streifen tun musste:
singen, knutschen, kloppen. Dazwischen gibt es ein bisschen
Handlung. Da sind Motorradszenen immer willkommen.

Elvis war nicht nur in einem Film als Motorradfahrer zu
sehen. Auch in *Viva Las Vegas* von 1964 drehte der King ein
paar Moped-Runden, diesmal mit der schönen Ann-Margret.
1967, inzwischen etwas pummeliger, standen die Dreharbeiten
zu *Clambake* an, was so viel wie *Picknick* bedeutet. Der deutsche Verleihtitel *Nur nicht Millionär sein* trifft's nicht so ganz,
er kann dem Film auch nicht zu mehr Substanz verhelfen. Aber
wieder darf man sich auf eine Bike-Szene mit dem King freuen.
Diesmal ist es nicht irgendein Bike, es ist eine Harley Davidson
Electra Glide, das Motorrad, das Elvis fast so sehr liebte wie sein
Bananen-Erdnussbutter-Sandwich.

1968 aber war er in *Stay away, Joe* mit einer Geländemaschine
unterwegs. In die sandigen Weiten des Oak Creek Canyons, wo

schon unzählige Western abgedreht worden waren, hätte eine Electra Glide auch nicht so recht gepasst. Das Motorrad nutzte Elvis auch außerhalb der Dreharbeiten zu *Harte Fäuste, heiße Lieder*, wie der Film in Deutschland heißt. Immer wenn dem King etwas nicht passte, setzte er sich auf seine Karre und verschwand in einer Staubwolke. Sobald sich der Staub gelegt hatte, kam er zurück und war sicher, dass jetzt alles zu seiner Zufriedenheit geregelt war.

Natürlich freute sich auch Harley Davidson darüber, dass Elvis nur selten fremdging und auch privat die meiste Zeit den Maschinen aus Milwaukee treu war. Ein besserer Werbeträger als der King war kaum denkbar. So trug Elvis mit seinen Filmen, auf Pressefotos und auch auf dem Cover des Motorradmagazins *The Enthusiast* zur Popularität der schweren Motorräder bei, die so amerikanisch sind wie Pepsi und Coke zusammen.

weil auch die stars dabei sein wollen

Inspiriert von den Büchern des Motorradweltenbummlers Ted Simon, wollte sich auch der schottische Hollywood-Schauspieler und *Star Wars*-Star Ewan McGregor auf eine Motorradweltreise begeben. Doch es wurde eine völlig andere Tour daraus, denn Promis reisen grundsätzlich anders: selten allein, und eine Kamera sollte bitte schön auch die ganze Zeit mitlaufen. Nie etwas still und für sich allein zu machen, sondern immer in aller Öffentlichkeit, ist offenbar der wesentliche Charakterzug von Promis. Egal, ob es dabei um Traumhochzeiten oder Traumscheidungen, um Geständnisse der Kategorie »Ja, auch ich habe mal eine Droge gesehen«, um Pilgern auf dem Jakobsweg oder um Motorradfahrten geht. Wenigstens sind die Bilder von McGregors zwei Reisen schön und unterhaltsam. Als TV-Serien laufen *Long way round* und der Nachfolger *Long way down* erfolgreich in vielen Ländern. Es gibt im Online-Shop die DVD und das Buch zum Film, außerdem kann man für zwanzig Pfund das T-Shirt zur Tour kaufen, es existiert eine eigene Facebook-Seite und vieles mehr. Die ohnehin gesponserte Tour wird sich schon gelohnt haben.

Einer der Sponsoren wird sich über die Vermarktung besonders freuen. BMW hatte Maschinen ihrer Adventure-Reihe gestellt, die in der Serie eine wirkliche gute Figur machen, eigentlich sind sie die heimlichen Stars unter den Popos von Ewan McGregor und seinem Kumpel und Schauspielkollegen Charley Boorman. Ein anderer Hersteller wird sich über die entgangene Produktwerbung geärgert haben: KTM war ebenfalls als Sponsor angesprochen worden, entschied sich aber dagegen. Zu groß war die Angst, der unerfahrene Tourenfahrer McGregor würde mit der KTM kläglich scheitern.

Doch der *Trainspotting*-Star zog mit seiner Mannschaft die Sache durch. Trotz vieler Probleme zwischen Osteuropa und Asien. Mal versagte das ABS-System, dann brach nach der Auseinandersetzung mit einem Felsblock auch mal ein Rahmen. Ohne zu murren oder zu stottern, ertrugen die Maschinen dafür selbst minderwertigen Treibstoff mit 76 Oktan.

Die zweite Reise, die im Mai 2007 startete und unter dem Titel *Long way down* vermarktet wird, führte von Nord nach Süd durch Afrika. Die Aufmerksamkeit, mit der die Reise verfolgt wurde, wurde auch genutzt, um für UNICEF zu werben. Das habe ihm aber manchmal große Sorgen bereitet, erklärte McGregor, denn wenn man für UNICEF unterwegs sei, käme es ganz schlecht an, wenn man ein Kind überfahren würde. McGregors Federung brach allerdings nicht, weil er in den Weiten Afrikas Kinder übersehen hatte, sondern weil das unwegsame Gelände unweit der ägyptischen Pyramiden seiner BMW eine Spur zu heftig zusetzte.

Weil Easy Rider nur noch mit Apollo 11 vergleichbar ist

»Lässt man den Flug von Apollo 11 beiseite, dann war eines der bemerkenswertesten Ereignisse in diesem New Yorker Sommer ein zwar noch unbestimmtes, aber sich stark bemerkbar machendes neues Filmgefühl.« Mit diesem Satz begann am 5. September 1969 ein Artikel im Feuilleton der *Zeit*. Dieses neue Filmgefühl wurde an einem Film festgemacht, der als Ereignis nur noch mit der ersten Mondlandung zu vergleichen war. So wie die Apollo-Mission in den Worten von Neil Armstrong nur ein kleiner Schritt für den Menschen, aber ein großer Schritt für die Menschheit war, entfachte *Easy Rider*, ein kleiner und vergleichsweise billiger Film, eine Wirkung wie nur ganz wenige Filme. Mit einer Story, die schnell erzählt ist, weil eigentlich gar nicht so viel passiert. Dazu noch mal der Zeitungsartikel von 1969: »Der Film handelt von zwei Hasch rauchenden Motorradfahrern, die als eine Art verspäteter Pioniere in verkehrter Richtung durch die Vereinigten Staaten fahren, von Westen nach Osten, auf der Suche nach einem geistigen El Dorado.«

Die beiden Typen wurden nach den großen Outlaws des Wilden Westens, Billy the Kid und Wyatt Earp, benannt. Mit reichlich Drogen im Blut und als Schmuggelware im Tank sind Billy, gespielt von Dennis Hopper, und Wyatt, gespielt von Peter Fonda, unterwegs von Los Angeles nach New Orleans. Unterwegs kehren sie in Kommunen und Motels ein, machen Bekanntschaften mit hübschen Hippie-Mädchen und einem jungen Anwalt, gespielt von Jack Nicholson.

Ihre Route Richtung Ostküste ist also die Umkehrung des klassischen »Go West«, denn der Westen als das große amerikanische Freiheitsversprechen hatte ausgedient. Die Fahrt entwickelt sich zu einer Tour der Desillusionen, die entsprechend endet. Rednecks knallen Billy und Wyatt auf ihren Motorrädern ab. Ein tragisches Finale für alle Kinder von 1968, ein triumphales Ende für das konservative Amerika – nicht wenige Amerikaner standen im Kino auf und applaudierten zum Leinwandtod der Antihelden.

In einigen Staaten bekam der Film über die Ideen und Ideale der Jugend in den späten 1960ern Aufführungsverbot. Das schmälerte die Bilanz nur ein bisschen: Fonda als Produzent und Hopper als Regie-Neuling hatten 500.000 Dollar investiert und spielten knapp zwanzig Millionen Dollar ein. Der Film ermutigte viele junge Filmemacher, radikal neue Wege zu gehen. *Easy Rider* hatte großen Einfluss auf Regisseure wie Scorsese, Spielberg oder Coppola und war der Anfang von New Hollywood.

Der Filmtitel wird oft missverstanden, Peter Fonda klärte seine Bedeutung irgendwann auf: »Easy Rider« ist in den Südstaaten ein Ausdruck für den Partner einer Hure. Der hat dann den Easy Ride, und so sei es auch mit Amerika: »Die Freiheit ist zur Hure geworden und wir versuchen es alle mit dem Easy Ride.« Sein Billy repräsentiere jeden, der glaube, dass man Freiheit durch Dinge wie Motorradfahren oder Grasrauchen finden könne.

Noch jemand profitierte von *Easy Rider*: Harley Davidson. Obwohl es die im Film gezeigten Maschinen gar nicht zu kaufen gab, zog die Nachfrage spürbar an. Für den Dreh hatte Fonda fast zwanzig Jahre alte ausgediente Polizei-Harleys ersteigert, die er mit dem legendären Design neu aufbauen ließ. Harley Davidson wiederum ließ sich von der langgabeligen Captain America mit der US-Flagge auf dem Tank und dem flammenverzierten Billy Bike zu neuen Modellen inspirieren.

Weil der Sonntag nicht nur zum Kirchgang da ist

Vier Jahrzehnte sind vergangen, seit *On any Sunday* in die Kinos kam. Und noch immer besteht flächendeckend Einigkeit darüber, dass es sich um die beste Motorrad-Dokumentation der Filmgeschichte handelt. Wer diesen Klassiker gesehen hat, weiß, wie Motorrad-Enthusiasten ticken, und wird sich anstecken lassen oder ratlos den Kopf schütteln. Regisseur Bruce Brown zeigt Amerika als Motorcycle-Nation. Er beginnt seinen Film mit dem Tritt auf einen Kickstarter, dann fahren zu flotter Countrymusik alle möglichen Biker durchs Bild: Kinder, Jugendliche und Alte, Frauen, Freaks und Freizeitfahrer sowie professionelle Fulltime-Fahrer.

Drei Dinge machen das Besondere des Films aus: Da ist der exzessive Einsatz von Musik. Unter Browns ruhiger und sonorer Erzählstimme kommt der ganze Kosmos der späten 1960er-Jahre zum Einsatz. Der Soundtrack stammt von Dominic Frontiere, der mit den Elementen Jazz, Soul und Beat spielt und immer nur dann verstummt, wenn Motoren aufheulen. Wenn Mert Lawwill im Dirt-Track-Pulk in einer Staubwolke startet und in die erste Kurve geht oder wenn David Aldana in Daytona auf die Rennpiste jagt, dann schweigen die Musiker.

Die zweite Besonderheit des Films ist der Einsatz von Helmkameras in einer Zeit, in der diese noch gar nicht erfunden waren. Brown, der zuvor mit dem Surfstreifen *The Endless Summer* dem Dokumentarfilm zu neuem Leben verholfen hatte, schraubte einigen Fahrern die großen und schweren Filmkameras einfach auf den Helm. Mit diesem Gewicht im Nacken waren nicht allzu viele Runden möglich, doch für atemberaubende Bilder reichten sie aus. So wurde Hochgeschwindigkeit erstmals sichtbar gemacht, schön zu genießen im Popcorn-verklebten Kinosessel.

Damit die Kamera schneller läuft, also mehr Bilder pro Sekunde schießt, hatte Brown eine so einfache wie geniale Idee: Er versorgte die 12-Volt-Kamera mit 24-Volt-Batterien. So wurden die Zeitlupen schärfer – das dritte Geheimnis dieses filmischen Meilensteins. Brown liebt Stürze, er kann Crashs gar nicht oft genug zeigen. Und das so langsam wie nur möglich, auch gerne mit adäquater Musik unterlegt. Dabei regt er als Erzähler den Betrachter an, besonders auf wegfliegende Kleidungsstücke, brechende Schultern und verdrehte Beine zu achten. All das natürlich nur, um zu verdeutlichen, was für harte Jungs da über den Lenker fliegen oder in die Bande rauschen. Denn andererseits erzählt Brown dem beeindruckten Betrachter, dass die meisten bereits wenige Stunden oder Wochen später wieder im Sattel sitzen. Nur die Toten kneifen.

Einer der Förderer und Financiers des Films war Hollywood-Ikone Steve McQueen. Der Motorrad-vernarrte Schauspieler kommt im letzten Kapitel zum Einsatz, das den Namen *Desert Racers* trägt. Brown suchte und fand einen idealen Strand für ein paar wilde Runden vor untergehender Sonne. Dummerweise gehörte der Strandabschnitt zu einer Marine-Basis und Brown sah keine Chance, an eine Dreherlaubnis zu kommen. McQueen übernahm die Verhandlungen mit den verantwortlichen Generälen und wenig später konnte er seine Husky anschmeißen und den in der Sonne rot leuchtenden Strand umpflügen. Wie McQueen die Militärs überzeugen konnte, diese Freaks an ihren Strand zu lassen, hat Brown nie erfahren.

Weil's härter ist als Porno

Der Bikerfilm *The Wild Angels* ist wie ein Porno – das Drehbuch passt auf einen Bierdeckel, denn es geht nur um das eine. Und es geht sofort zur Sache – die Kamera hält einfach nur noch drauf auf die schweren Motorräder. In nicht enden wollenden Einstellungen fahren Harleys durch amerikanische Landschaften. Abgestiegen wird nur, um in finsteren Kneipen einzukehren, wo die Biker auf finstere Typen treffen und Nazi-Symbole für schaurige Stimmung sorgen. Wenn der Film einen dramaturgischen Arschtritt braucht, bittet Trash-Regisseur Roger Corman seine Stars um eine kleine Schlägerei. Die Besetzung kann sich sehen lassen: Nancy Sinatra, Bruce Dern und Peter Fonda. Fonda in seiner Rolle als »Blues« übt hier schon mal mit saucooler Sonnenbrille, was er zwei Jahre später in *Easy Rider* perfektioniert: den Outlaw, der gesellschaftliche Normen verachtet, der aber auch keinen wirklichen Plan hat. Genau für diese Planlosigkeit ist das Motorrad ja das ideale Vehikel: Man kann zwar ein Ziel haben, man kann aber auch einfach seine Runden drehen, ziellos, planlos.

Diese Unberechenbarkeit macht die Atmosphäre dieses Movies aus, das man am liebsten in Auto- oder Bahnhofskinos gucken würde, wenn es die denn noch gäbe. Man wird konfrontiert mit bizarren Beerdigungsszenen, die in aberwitzige Partys umschlagen, bei denen der Pastor gefesselt und geknebelt wird. Die Einrichtung wird demoliert, und während man als Zuschauer noch lacht und sich eine Dose Bier aufmacht, kommt es zu einer extrem widerlichen Vergewaltigungsszene.

Eine Liebeserklärung an die Motorradszene ist der Film nicht unbedingt, dessen Titel nicht nur die berüchtigte Rockerbande zitiert, sondern auch die Mutter aller Biker-Filme: *The Wild One* mit Marlon Brando.

Während heute ein großer Teil der Motorradszene von braven Familienvätern geprägt wird, ermöglicht *The Wild Angels* einen beeindruckenden Blick zurück in eine Ära, als das Motorrad schlicht und ergreifend das Vehikel des Bösen war, Teufelszeug für wilde Engel. »They hunt in packs – like wolves on wheels«, wird im Trailer eingeblendet, wenn die Gang um Fonda durch die Wüste brettert. Und dann heißt es: »Hell raising troublemakers!« Damit das Ganze noch gefährlicher und authentischer wirkt, fehlt auch nicht der Hinweis, dass originale Hell's Angels mitwirken. Und wer es jetzt noch nicht kapiert hat, der kriegt's ganz fett: They live for the joys of hell! Damit das auch gut zu sehen ist, fahren die bösen Buben selbstverständlich ohne Helm und können während der Fahrt miteinander quatschen, diabolisch grimassieren und sich durchs halblange Haar fahren.

Weil Motorräder zum Politikum werden können

Er hing so verdammt lässig auf seiner Triumph Thunderbird 6T, dass kein Kinozuschauer je auf die Idee gekommen wäre, dass Marlon Brando ein eher mäßig talentierter Motorradfahrer war. Und dann dieses Outfit, das er in *The Wild One* beziehungsweise *Der Wilde* trägt: umgeschlagene Jeans, T-Shirt und diese Lederjacke mit der Signatur »Johnny« auf der Brust und dem prächtigen Totenkopf mit gekreuzten Pleueln sowie dem Kürzel B.R.M.C. – Black Rebels Motorcycle Club – auf dem Rücken. Brandos Gesten und Posen schufen den Prototyp aller Rebellen und Rocker für die nächsten Jahrzehnte.

Abgeguckt hatte sich Brando seine Gesten der Verachtung und Ungezügeltheit bei echten Motorradrockern, die als Statisten bei den Dreharbeiten von *The Wild One* im Jahr 1953 mitwirkten.

Die Story: Brando ist Johnny Strabler, Anführer des B.R.M.C, der zunächst bei einem Motorradrennen den Pokal für den zweiten Platz mitgehen lässt und dann mit seinen Rockern in die kalifornische Kleinstadt Wrightsville weiterfährt, deren Bewohner nervös bis hysterisch auf die Ankunft der Bande reagieren. Gelöster wird die Stimmung auch nicht, als noch eine zweite Gang auftaucht, die Beetles. Es kommt zum Showdown, den ein wackerer Polizist zu verhindern sucht, dessen Tochter Strablers Gefallen findet. Ihr stellt er in der letzten Einstellung den Pokal auf den Tisch, bevor er sich wieder davonmacht.

Dass Marlon Brando in *The Wild One* ein englisches Fabrikat fuhr und nicht etwa eine Harley, das lag an Senator Joseph McCarthy und seinem bizarren »Kampf gegen kommunistische und andere unamerikanische Umtriebe«. Der Film nämlich nahm Bezug auf das Hollister Motorycle Riot. Am 4. Juli 1947 hatten sich 4000 Biker und Besucher in der kalifornischen Kleinstadt Hollister zu einem zweitägigen Bikertreffen eingefunden, das von der American Motorcyclist Association gesponsert wurde. In den einschlägigen Zeitungen wurde von Ausschweifungen, Schlägereien und Saufgelagen berichtet. Es traf zwar nur Letzteres zu, dennoch gingen die zwei Tage als Krawall- und Randaleveranstaltung, eben als Hollister Motorycle Riot, nicht nur in die Motorradgeschichte ein. Joseph McCarthy, der es mit der Wahrheit nie besonders genau nahm, wenn er einmal einen neuen Feind Amerikas ausgemacht hatte, war der Ansicht, dass ein Film, der Krawalle verherrlicht, dem Ruhme Amerikas keineswegs dient. So verfügte er ein Fahrverbot für US-Maschinen in *The Wild One*, was die Konkurrenz in England bald sehr erfreute: Kaum war der Film in den Kinos, stieg der Absatz von Triumph-Motorrädern auf dem amerikanischen Markt deutlich an. In England blieb dieser Effekt zunächst aus, denn die britischen Zensurbehörden ließen den Film 15 Jahre lang nicht zu. Dabei hatte Regisseur László Benedek im Vorspann gar einen Hinweis platziert, dass der Film auf wahren Begebenheiten beruhe und er es als eine gesellschaftliche Herausforderung betrachte, dafür zu sorgen, dass sich Ähnliches niemals wiederhole. Ob er beim Schreiben dieser Warnung laut gelacht hat, ist nicht überliefert.

Vor wenigen Jahren hat Triumph Marlon Brandos Filmjacke als Replik wieder aufleben lassen, originalgetreu mit der geschwungenen Johnny-Signatur vorn und Totenkopf und Pleuel hinten. Wer die Jacke tragen will, sollte sich aber vorher dringend noch mal den Film und Brandos Blick anschauen.

Weil Freunde fürs Leben sind

Auch das deutsche Kino hat seine Bikerfilme, wenn auch in überschaubarer Zahl. Einen der besten hat in den 1980ern einer der besten Regisseure der Republik gedreht: Dominik Graf, der mit *Die Katze*, *Die Sieger* oder der preisgekrönten Serie *Im Angesicht des Verbrechens* Film- und Fernsehgeschichte geschrieben hat. 1984 kam sein Film *Treffer* in die Kinos. Der Film erzählt so witzig wie melancholisch die Geschichten von drei Freunden und von den Liebesbeziehungen der drei zu ihren Motorrädern. Da ist Tayfun, der permanent hinter den Mädchen her ist, Albi, ein zurückhaltender Typ, der aber bei Bedarf auch mal zulangen kann. Und der dritte ist Franz, gespielt von Dietmar Bär, der als dicklicher Brillenträger auf der Weiberjagd gnadenlos untergeht. Während sich seine Kumpel mit Mädchen amüsieren, sitzt Franz am Lagerfeuer und lässt sich stumm volllaufen. Trotzdem wird er nie als der dicke Doofe vorgeführt. Auch er hat diese ganz spezielle Coolness, die man im nicht ganz einfachen Klima der Provinz entwickeln muss, wenn man die Provinz überleben will. Dabei helfen Bier als Grundnahrungsmittel, Zigaretten, die nie ausgehen, und der Anblick von Frauen, die hier noch Torten genannt werden.

Die wahre Coolness entsteht aber erst, sobald sich die Freunde auf ihre Maschinen schwingen und über den Asphalt jagen. Nur geht den Jungs allmählich die Kohle für den Unterhalt ihrer Karren aus. Franz, der bei seinen Großeltern lebt, musste bereits Schulden machen. Eine Zeit lang kommen die Freunde mit ihren Jobs in einer abgewrackten Werkstatt noch halbwegs über die Runden, doch nach dem plötzlichen Tod ihres Chefs ist auch damit Schluss. Um ihre Motorräder nicht verkaufen zu müssen, pumpen sich die Jungs Geld. Dummerweise bei einem Schnösel, der sich als skrupelloser Kreditwucherer entpuppt und der beim Eintreiben seiner Zinsen keine Gnade kennt. In dieser Situation kann es nur noch schlimmer kommen, und so kommt es auch. Tayfun, Albi und Franz verfallen auf die Idee, einen Verkehrsunfall zu fingieren, um mit dem Geld der Versicherung die Schulden abzutragen. Doch die Aktion endet tödlich.

Lässig und trotzdem temporeich erzählt Graf diese Geschichte. Auch Jahrzehnte später bestechen schon die ersten Szenen, wenn die Jungs irgendwo aufwachen, nur nicht in ihren eigenen Betten in der Kleinstadt, die ebenfalls nie richtig wach werden will. Auf den Kennzeichen der Maschinen steht SÜW – Südliche Weinstraße, der Highway 61 der Pfalz, ideale Kulisse für ein deutsches Roadmovie. Dazu gleich zu Beginn der Song *Darling come home soon* von The Lovin' Spoonful. Am besten gleich mal ins Programm schauen, ob der Film heute Nacht irgendwo im Dritten läuft.

Kapitel 3

sex on wheels

*Ich habe Spaß am Fahren,
aber ich fahre nicht zum Spaß.*

KEN ROCZEN

weil's mehr spaß macht als im bett

Sex im Auto hatte wohl jeder schon, der mehr als einmal in seinem Leben Sex hatte. Sei es, weil die Eltern dummerweise vorzeitig aus dem Urlaub heimgekehrt waren, sei es, weil bis ins nächste Bett einfach keine Zeit mehr blieb. Vielleicht wollte man auch gar nicht ins Schlafzimmer, weil da bereits eine Frau lag – die eigene. Oder – je nachdem, wer gerade mit dem Wagen unterwegs war – der Ehemann wälzte sich unruhig im Ehebett. Manchmal war es auch nur die Lust, im Auto Sex zu haben, weil das Auto so geil war, eigentlich noch geiler als der Partner auf der Rückbank.

Die Amerikaner hatten es in dieser Hinsicht immer am besten. Blütezeit des Autosex waren die 50er. In dieser prüden Ära, in der Papi jeden halbtot geschlagen oder mit der Doppelläufigen durch den Gartenzaun geschossen hätte, der seinem Pettycoat-Töchterchen Avancen machte, waren Autos und abgelegene Feldwege oder Nebenstraßen die einzige Chance zu einer leidenschaftlichen Fummelei. Ein geräumiger Buick LeSabre oder ein Plymouth Belvedere eignete sich in den so wilden wie verklemmten 1950ern definitiv besser dafür als ein Käfer oder Kabinenroller hierzulande. Auch wenn Fußball-Zampano Reiner Calmund gern beteuert, wie herrlich es gewesen sei, einst im Opel 1200 das erste seiner fünf Kinder zu zeugen.

Lustigerweise war es in Amerika meist Papis chromglänzendes Schiff, in dem ganze High Schools und Armeen von Baseballern und Cheerleadern ihre Unschuld verloren, während Papi von alledem nichts ahnte und von Cowboys und Indianern träumte, mit der Doppelläufigen unterm Bett.

Doch was machen Biker und Bikerinnen, wenn an eine Fortsetzung der Fahrt nicht mehr zu denken ist, weil die Hitze des

Zylinderkopfs gar nichts ist gegen die hinterm Reißverschluss? Sie tun es. Auf dem Motorrad, das solide auf dem Hauptständer steht – also auf dem des Fahrzeugs –, oder auf dem fahrenden Motorrad, das die Spritztour über die abgelegene Landstraße fortsetzt, weil Fahrtwind, Schlaglöcher und die Wirkung der plötzlichen Beschleunigung zusätzlichen Esprit in die Sache bringen. Auch abruptes heftiges Bremsen lässt sich stimulierend ins Liebesspiel integrieren, selbst wenn dabei der Schlüpfer vom Spiegel rutscht. Es ist egal, ob Mann oder Frau die Maschine lenkt, die Stellung ist identisch: Einer oder eine liegt mit dem Rücken auf dem Tank und dem Nacken in der Mitte des Lenkers und der oder die andere sitzt als Fahrer fast wie immer rittlings im Sattel. Alles Weitere ist jetzt nur eine Frage der Bandscheiben, der Gelenkigkeit und der Fähigkeit, sich auf den Verkehr zu konzentrieren. Egal, auf welchen, am besten aber auf jeden.

Weil in Sturgis die dicken Dinger zählen

Der Begriff »Mekka« ist ziemlich strapaziert, wenn es um Orte geht, an denen Gläubige mindestens einmal in ihrem Leben gewesen sein sollten, um zu zelebrieren, was ihnen hoch und heilig ist. Doch im Zusammenhang mit Sturgis ist nur schwer an einen treffenderen Vergleich zu kommen. Was Mekka den Muslimen ist, das ist dieses 7000-Einwohner-Kaff in South Dakota jedes Jahr im August für Amerikas Harley-Davidsonianer. Auch diese Gläubigen haben ihre unveränderlichen Rituale. Am 14. August 1938 luden die Jackpine Gypsies zum ersten Treffen ein, nachdem im Vorjahr in Florida das andere große Harley-Treffen aus der Taufe gehoben wurde: die Daytona Beach Bike Week.

19 Harley-Fahrer folgten der Einladung nach Sturgis. Ironischerweise fand die Party mit einer superben Stuntshow – Schanzensprünge und Wanddurchbrüche – auf dem Gelände einer Indian-Motorradwerkstatt statt. Noch mehr Pipi kann nicht einmal ein alter Wolf lassen, um sein Revier zu markieren. Später wurde dieses Revier gegen die Japaner verteidigt, in den wilden 1970ern fackelten die Harley-Ultras Kawasakis und Hondas ab, die sich aufs Treffen verirrt hatten.

Heute sieht es wilder aus, als es ist, wenn mehr als eine halbe Million Besucher mit bedrohlichen Tattoos, RayBans und Kopftüchern zur Sturgis Motorcycle Rally anrücken und die Hauptstraße in zwei Gassen teilen. An den Rändern der Main Street stehen Motorräder aufgereiht wie in einem Domino-Rekordversuch und in der Mitte der Straße parken dicht an dicht je zwei Harleys Lampe an Lampe. Übrig bleiben links und rechts dieser Mittelspur aus Chrom, Leder und Gummi zwei Gassen, durch die alles fährt, was noch fahren kann, und zwei Dinge präsentieren möchte: geile Karren – und geile Weiber. Letztere geil im Sinne von ziemlich wenig an: enge Tops, Bikinis oder weder Top noch Bikini, sondern Stofffetzen oder klitzekleine Hütchen auf den Brüsten.

Kopfschutz wird kaum gesichtet, denn in South Dakota gibt es für über 18-Jährige keine Helmpflicht. »Wir sind ein freies Land«, machen sich die Eingeborenen auch schon mal über die unfreien helmpflichtigen Europäer lustig. Sie ihrerseits kriegen dann wieder Ärger mit den Cops, wenn sie mal eine Dose Bier auf der Straße trinken. Der Freiheitsbegriff ist offenbar weicher als der Sattel einer Fat Boy.

Die Jungs in Sturgis, die vor circa dreißig Jahren tatsächlich jung waren und die so freundlich und liebenswürdig sind, wie sie gefährlich aussehen, trinken ihr Bier routiniert aus sportlich anmutenden Trinkflaschen, die man vom Radsport kennt. Und die Mädels, die sich mit viel Fantasie in wenig Materialien hüllen, gehen davon aus, dass es ja nur verboten ist, Nippel zu zeigen. Da will dann doch kein Cop päpstlicher sein als der Papst in Rom, auch wenn das hier eher Mekka ist.

Weil der richtige Helm
auch eine Frage des Stils ist

Nicht jeder Helm passt – und damit sind nicht falsche Größen gemeint. Es gibt einfach eine ganze Reihe stilistischer No-Gos: Ein Integralhelm auf einer Iron 883 ist wie Snowboarden mit Pudelmütze. Ein Jethelm samt Schutzbrille auf einer Hayabusa dagegen hat was von einem Klippensprung in Acapulco mit Badekappe. Und auf einer Enduro mit Bluetooth-fähigem Klapphelm und Heizvisier durchs Gelände zu düsen sieht auch einfach nur so daneben aus wie eine Narrenkappe auf einer Beerdigung. Der Helm muss schon passen, in doppelter Hinsicht: Sowohl bei der Größe als auch bei der Optik sollte viel Sorgfalt verwendet werden. Dafür gibt's gut sortierte Händler und Helm-Spezialisten, die den ganzen Tag nichts anderes machen, als bei der Wahl des richtigen Kopfschutzes behilflich zu sein und die schlimmsten Fehlentscheidungen zu verhindern.

Seit 1976 besteht in Deutschland die Pflicht zum Tragen eines Motorradhelms, gern auch Sturzhelm genannt, auch wenn das natürlich sofort negative Assoziationen weckt. Neutraler ist da schon die Sprache der Straßenverkehrsordnung. Dort heißt das Teil Schutzhelm.

Vor Einführung der Helmpflicht trugen Motorradfahrer Lederkappen oder ließen ihr Haar wehen. Das darf man nicht mehr. Und doch hat jeder Fahrer bestimmt mindestens einmal den Kopfschutz abgelegt und ist ein paar Meter oben ohne gefahren – in abgelegenen Straßen, am Strand oder auf Privatgrundstücken. Dabei spürt man, was für herrliche Zeiten das gewesen sein müssen, als der Fahrtwind durchs Haar und an den Ohren vorbeipfiff. Aber es waren eben auch tödlichere Zeiten.

Viele Unfälle, die heute nur dank Helm überlebt werden, beendeten früher manche Tour für alle Ewigkeit. Die Vorstellung, auch nur mit Tempo 50 mit dem Kopf vor eine Wand oder gegen ein Auto zu prallen, lässt erahnen, welche Kräfte bei einem Crash wirken. Deshalb wurde es vom Gesetzgeber in § 21a Absatz 2 StVO in bestem Amtsdeutsch klar geregelt: »Führer von Krafträdern oder offenen drei- oder mehrspurigen Kraftfahrzeugen mit einer bauartbedingten Höchstgeschwindigkeit von mehr als 20 km/h sowie Personen, die auf oder in ihnen mitfahren, haben während der Fahrt einen amtlich genehmigten Schutzhelm zu tragen.« Amtlich genehmigte Schutzhelme sind mit einem vorgeschriebenen Genehmigungszeichen gekennzeichnet, der ECE-Norm. Verstöße gegen die Pflicht, einen Helm aus Polycarbonat, Fiberglaslaminat oder Kevlar auf dem Kopf zu tragen, kosten 15 Euro.

Keine Helmpflicht besteht indes, wenn ein vorgeschriebener Sicherheitsgurt angelegt ist. So wie bei der BMW C1. Aber dieses Gefährt hat, abgesehen von der Anzahl der Räder, nun mal gar nichts mit Motorrad zu tun. Wer ganz legal oben ohne cruisen will, muss sich nach Amerika aufmachen – unter anderem in den Staaten Illinois und Iowa ist das Fahren ohne Helm erlaubt. Das heißt umgekehrt aber nicht, dass dort Fahren mit Helm geahndet wird.

Weil Naked Biker echte Flitzer sind

Roland »Rollie« Free hieß nicht nur Free, er machte seinen Namen zum Programm. An einem sonnigen, aber kühlen Montagmorgen im September 1948 zog er sich aus, um einem neuen Rekord entgegenzurollen. Er wollte endlich die in Amerika noch ungeknackte 150-Meilen-Marke reißen. Ein halbes Dutzend europäischer Fahrer hatte das bereits seit den 1930ern wiederholt geschafft und immer neue Rekorde aufgestellt. Um jedes nur mögliche Gramm Gewicht zu sparen, machte sich Free bis auf eine Badehose frei und legte sich bäuchlings auf seine Maschine, eine Vincent HRD Black Lightning (oder Black Shadow, da streiten sich die Modell-Forscher seit Jahrzehnten). Da Rollie im Zuge des Sparprogramms auch den Sattel abgeschraubt hatte, lag er mit seinem Gemächt tendenziell unsanft auf dem hinteren Kotflügel. Die lang gestreckten Arme erreichten gerade noch den Lenker, der Kopf, passend mit einer Badekappe bedeckt, war wie bei einem formvollendeten Hechtsprung vom Fünf-Meter-Turm nach unten gerichtet. Rollie blickte also nicht nach vorne, sondern auf den Boden. Damit der Rekordversuch auf dem Bonneville-Salzsee kein kompletter Blindflug wurde, hatte er eine Linie auf den salzigen Grund ziehen lassen, an der er sich bei dem Rekordversuch orientierte.

Hätte der Mann einen Abflug gemacht, hätte er ausgesehen wie der Radiergummi eines Viertklässlers am Ende des Schuljahrs, doch der spektakuläre Ritt in der Badehose glückte. Der 47-Jährige raste mit 150,313 Meilen über die Salzkruste, das waren gut 240 km/h und damit neuer amerikanischer Land Speed Record. Der galt zwar nicht für die Ewigkeit, aber die berühmte Aufnahme, die Rollie als Highspeed-Bademeister auf dem Salzsee in Utah zeigt, gehört zu den herrlichsten Sportfotos der Welt.

Angefangen hatte Free als Verkäufer von Motorrädern, in den 1920ern startete er dann eine Karriere als Rennfahrer – mit überschaubaren Erfolgen. Während des Zweiten Weltkriegs war er als Offizier für die Wartung von Flugzeugen zuständig. Zeitweise war er in Utah stationiert, wo er erstmals die grandiosen Salzseen zu Gesicht bekam. Einen besseren Ort für Geschwindigkeitsrekorde gibt's nicht, dachte er sich und machte sich auf die Suche nach einem geeigneten Motorrad. Free entschied sich für die Vincent, an der er einige Modifikationen vornahm. Die beeindruckendste war neben dem Einsatz von horizontalen Renn-Vergasern sicherlich die horizontale Lage des Fahrers, die den Luftwiderstand deutlich minimierte.

Die Idee, einen Striptease hinzulegen, hatte er nicht von Anfang an. Eigentlich war er auf seine Sicherheit bedacht und ließ sich eigens Protektoren für seinen Lederdress anfertigen, aber damit blieb er in mehreren Anläufen knapp drei Meilen unterhalb der Rekordmarke. Darum legte er für den allerletzten Versuch Helm, Handschuhe, Jacke und Hose ab und tauschte seine Stiefel gegen die luftigen Sneakers eines Freundes. Nach seinem Triumph gestand Rollie Free feixend, dass er sich die Badehosen-Idee vom Rennfahrerkollegen Ed Kretz abgeschaut hatte, der so gekleidet in Kalifornen auf Rekordjagd gegangen war. Allerdings, so Rollie, hätte Ed in Badeklamotten deutlich besser ausgesehen.

Free starb 1984, seine Vincent hatte noch bis in die 1960er Einsätze bei diversen Rennen, bevor sie in den vorläufigen Ruhestand zu einer Privatsammlung in Texas kam. Im November 2010 verließ die Rekordmaschine die Sammlung – zu dem Rekordpreis von einer Million US-Dollar. Augen auf also bei Fahrern in Badehosen!

Weil Größe doch eine Rolle spielt

Wenn Russ Meyer einen Bikerfilm ankündigte, war das Anlass zu großer Vorfreude. In der Regel wurden dann zwei Komponenten zusammengebracht, die man auch auf der Leinwand sehr gerne sieht: schwere Maschinen in Action und üppig ausgestattete Damen, ebenfalls in Action. Beides hat Meyers mit einem Hang zur maßlosen Übertreibung in Szene gesetzt, sodass es vom Trash bis zur Persiflage nicht mehr weit war. »Hätte ich mich nicht so sehr für Titten interessiert, wäre aus mir vielleicht ein großer Filmemacher geworden«, sagte der Regisseur einmal in einem Interview mit der *Süddeutschen Zeitung*. Doch sein Interesse am besonders üppigen weiblichen Körperbau blieb immer größer als sein Streben nach cineastischen Meisterleistungen. Zum Glück, denn so entstanden Filme wie *Faster, Pussycat! Kill! Kill!*, *Mondo Topless* und *Supervixens*.

Seinen Bikerfilm *Motorpsycho* drehte er 1965. Wie alle Russ-Meyer-Filme ist er ein Spitzenfilm, dem es nur an seinem Markenzeichen mangelt: an reichlich Oberweite. Ausgerechnet diesmal fehlen all die Dinge und Dinger, die Meyers Weltruf begründeten und ihn ins New Yorker Museum of Modern Art und in die Documenta in Kassel einziehen ließen.

In der Eingangsszene deutet Meyer mit einer ziemlich zusammenhanglosen Bikini-Szene am Fluss an, was möglich wäre, doch dann konzentriert er sich doch lieber auf seine Story. *Motorpsycho*, der im deutschen Kino den Zusatz *Wie die wilden Hengste* trägt, erzählt von halbstarken Mopedfahrern, die in einem kleinen Wüsten-Kaff bei Las Vegas die junge Frau des Tierarztes Maddox vergewaltigen. In bester Western-Tradition nimmt Maddox selbst die Verfolgung auf, weil ihn Gesetz und

Recht in Gestalt des gleichgültigen Sheriffs, gespielt von Russ Meyer himself, im Stich lassen.

Auf der Flucht erschießt die Motorrad-Gang einen Mann und lässt seine angeschossene Frau zurück. Mit dem Pick-up des Paares wird die Flucht fortgesetzt. Maddox und die fremde angeschossene Frau bleiben der Gang auf den Fersen und erleben unterwegs ein erotisches Abenteuer, wie es nur Meyers ganz spezielle Fantasie auf die Leinwand zaubern konnte: Er wird von einer Schlange ins Bein gebissen und sie muss ihm das Gift heraussaugen. Das sollte wohl an ganz andere Saugaktivitäten erinnern, aber im amerikanischen Kino der mittleren 1960er Jahre ging das halt nicht viel deutlicher. So verhält es sich auch mit den politischen Anspielungen: Ob Brahmin, der Anführer der Biker-Gang, wegen der sengenden Wüstenhitze oder wegen seines Einsatzes als Soldat in Vietnam wahnsinnig geworden ist, kann er selber nicht mehr aufklären – im Zuge des Showdowns wird er mit Dynamit in die Luft gesprengt. Und die Moral von der Geschicht'? Maddox darf endlich heim zu seiner Frau und Halbstarke haben in Wirklichkeit nur ganz kleine Mopeds.

Weil es um Maschinen, Frauen, Konkurrenten geht

Fünfzehn Mal Weltmeister! An dieser Stelle kann eigentlich jeder Text über Giacomo Agostini enden, den erfolgreichsten Motorradrennfahrer aller Zeiten. Es gibt Erfolge, die werden relativiert durch ihre Umstände: keine echten Gegner zur Stelle oder verbotene, aber unentdeckte Beschleuniger im Blut. Manchmal wird ein Einzelner durch einseitige Regelwerke begünstigt, dann wieder ziehen hinter den Kulissen düster blickende Herrschaften mit großen Geldkoffern ihre Runden. Das alles ist schon vorgekommen und wird weiter vorkommen, solange sich Menschen zum sportlichen Wettstreit verabreden, bei dem es um Ruhm und Ehre, Gesichtsverlust und Geld geht.

Bei Ago war das anders. Denn kein anderer Rennsportler siegte über so einen langen Zeitraum, das zudem an nahezu sämtlichen Orten, an denen er antrat, und dann auch noch in unterschiedlichen Disziplinen. Es gab Tage, da siegte Ago erst in der 350er-, dann in der 500er-Klasse.

Doch fangen wir von vorn an: in einem kleinen italienischen Dorf bei Bergamo, durch das ein wild gewordener Halbwüchsiger eine steinalte 50er Parilla jagt. Die Dorfbewohner denken genau das, was der ältere Ago später über den jüngeren sagen wird: Der muss verrückt sein! Dass der Mann aus Bergamo nicht nur crazy, sondern auch irrsinnig talentiert ist, bemerken als Erste die Spezialisten von Morini, sie lassen ihn mit einer 175er an Bergrennen teilnehmen. Anfangs benötigt Giacomo dazu noch die Unterschrift seiner Eltern. Ein mit dem Vater befreundeter Notar überredet die Eltern, ihre Zustimmung zu geben. Der Notar hat es gut gemeint, wenn auch ganz falsch verstanden: Er glaubte, es ginge um Fahrradrennen.

Am 15. September 1963 startet Agostini in Monza zu seinem ersten Grand Prix. Die Zuschauer an der Strecke schütteln den Kopf, so wie kurz zuvor noch die Dorfbewohner: Ein junger Unbekannter fährt das Feld vom Start weg in Grund und Boden und alle anderen Fahrer sind froh, dass das Motorrad dem Tempo seines Fahrers nicht standhält und sich bereits nach zwei Runden krankmeldet. Aber diese zwei Runden reichten bereits als Eintrittskarte in den Grand-Prix-Zirkus: Jedes Werk wollte ihn verpflichten. Nach kurzer Überlegung entschied sich Ago für MV Agusta.

Es war die Hochzeit zweier Königskinder. 1965 noch Vizeweltmeister, wurde er ein Jahr später Weltmeister in der Halbliterklasse. 14 weitere WM-Titel in der 500er- und in der 350er-Klasse folgten mehr oder weniger ohne Unterbrechung. Die Zuverlässigkeit von Agostini und Agusta überboten sich abwechselnd. So zogen die Sommer ins Land und man hätte bereits von einer gewissen Langeweile im Motorrad-Rennsport sprechen können. In Italien tat das aber keiner, Italiener lieben im Fußball ja auch den so langweiligen wie erfolgreichen Catenaccio. Und so verbrachte der überdies noch verdammt gut aussehende Rennsportler seine Winter als Star in großen italienischen Fernsehshows. Ein Buch schrieb er Mitte der 1970er auch noch. Es trägt den Titel *Giacomo Agostini – Maschinen, Frauen, Konkurrenten*.

1977 beendete Ago nach einem letzten Triumph auf dem Nürburgring aus freien Stücken seine Karriere, denn etwas Unvorstellbares war geschehen, das ihm zeigte, dass seine Zeit nach 122 Grand-Prix-Siegen abgelaufen war: In der Saison 1977 war er hinter Barry Sheene nur Zweiter geworden! Die nächsten Jahre versuchte er sich als Autorennfahrer und war dabei in etwa so erfolgreich wie Michael Schumacher bei seinem Intermezzo als Motorradrennfahrer. Und wie Schumi kehrte er zu seinem eigentlichen Metier zurück, als Teamchef von Yamaha-Marlboro-Agostini. In dieser Funktion sammelte er bis zum endgültigen

Rückzug mit verschiedenen Fahrern weitere Weltmeistertitel. Heute ist er, immer noch verdammt gut aussehend, gern gesehener Gast bei vielen Rennen, in Unterhaltungssendungen, bei seiner Familie und bei seinen Pferden – denen mit einem PS.

Weil zwei Punkte ein Riesenerfolg sein können

Zwei Punkte – im Sport ist das nicht gerade viel, in kaum einem Wettbewerb. Schon gar nicht als Bilanz eines ganzen Sportlerlebens. Wenn diese zwei Punkte aber zu einem Medienrummel führen, der nicht allein mit diesem Ergebnis zu erklären ist, dann muss offenbar eine andere Dimension im Spiel sein. Dann muss es sich beispielsweise um den jamaikanischen Viererbob handeln oder um Eddy the Eagle beim Skispringen oder um eine Frau. Eine, die darüber hinaus blond, jung und sehr gut aussehend ist. Und die bei einer Motorradweltmeisterschaft eben genau diese zwei Punkte holt. So wie Katja Poensgen.

2001 gelang der Rennamazone dieser Erfolg, der sie schlagartig in sämtliche Talkshows und alle Zeitungen beförderte, auch der *Playboy* wird umgehend seine obligatorische Anfrage wegen ein paar anspruchsvollen Nacktfotos abgeschickt haben – vielleicht auf Lanzarote, bestimmt aber auf einer Rennmaschine. Das Missverhältnis von sportlichem und medialem Erfolg soll aber Poensgens Leistung nicht schmälern, denn sie hat alles richtig gemacht und kam keineswegs aus dem motorsportlichen Nirgendwo. Die 1976 geborene Tochter des Vertriebsleiters von Suzuki Deutschland fuhr bereits im Alter von fünf Jahren Motorrad. Mit einem 50-Kubik-Motocross-Kinderbike von Italjet pflügte sie hinter dem elterlichen Heim im Allgäu durchs Gelände. Als Teenager bestritt sie 1993 ihr erstes Motorradrennen auf dem Nürburgring beim ADAC Junior Cup, zwei Jahre später holte sie diesen Cup mit einer Suzuki, siegte in Italien auf Aprilia bei der Trofeo Junior und wurde zum Juniorsportler des Jahres gewählt.

Es sollte nicht bei diesen Triumphen bleiben, die ihr fahrerisches Können eindrucksvoll demonstrierten. 1998 wurde Katja

Poensgen Erste bei der Supermono-Europameisterschaft. Das gelang ihr mit einer BMR Suzuki mit 750 ccm, einem Zylinder und 100 PS bei 90 Kilo Gewicht. Diese Erfolgsmaschine bezeichnete sie später als »eine geile Rakete«. 1999 wurde sie mit einer Ducati Erste beim Daytona Grand Prix Singles Championship Cup, um dann 2001 bei der Straßenweltmeisterschaft in der 250-ccm-Klasse zunächst auf Aprilia, dann auf Honda zu starten. Im italienischen Mugello belegte sie den 14. Platz, für den sie schließlich ihre beiden WM-Punkte bekam.

Wer Katja Poensgens Homepage besucht, kann sehen, wie sie den Erfolg einordnet: »14. Platz in Mugello/Italien und auf ewig 2 WM-Punkte.« Diesen Satz schließt sie mit einem Smiley. Überhaupt endet damit fast jeder ihrer Sätze, sie scheint eine fröhliche Frau zu sein. Kein Wunder, denn nach diesem Erfolg ging es ja auch fröhlich weiter. Sie wurde nicht nur in Talkshows eingeladen, RTL ließ sie auch den MotoGP moderieren, bevor sie Mutter wurde. Doch bald nach Verklingen des ersten Babygeschreis ließ sie wieder die Motoren aufheulen, so beim Suzuki Ralley Cup. Sie engagiert sich als Botschafterin der German-Safety-Tour und wirkt als Expertin beim Ausstatter Polo. Und ein Ende sei noch lange nicht in Sicht, erklärt sie und malt ein Smiley. Denn auch wenn sie inzwischen an Mofa-Rennen teilnimmt – sie ist und bleibt die erste Frau, die in der 250er-Klasse der Straßenweltmeisterschaften Punkte geholt hat, zwei Punkte für die Ewigkeit.

Weil ein Y-Chromosom nicht nötig ist

Sie heißen Speed Cats, Lady Biker, Hexenring, Wild Women on Bike. Frauenmotorradclubs, in denen für Männer dasselbe gilt wie für den Dackel vor der Metzgerei: Wir müssen leider draußen bleiben! Frauenmotorradclubfrauen haben nichts gegen Männer, aber sie haben auch nichts dagegen, mal ohne Männer loszuziehen, weil das mindestens genauso viel Spaß macht.

Der größte Frauenmotorradclub in Deutschland heißt Women on Wheels. Der Verein wurde 1985 von Heike Gawor nach amerikanischem Vorbild gegründet. Gawor hatte auf einer Amerikareise die amerikanischen Women on Wheels kennengelernt und völlig begeistert von dieser Idee eine Anzeige in der *Motorrad* geschaltet, als sie wieder in Deutschland zurück war. Gawor erhielt über 250 begeisterte Zuschriften. Dadurch wurde sie in der Überzeugung bestärkt, dass es viele Motorradfahrerinnen im Lande gibt, die nur auf einen eigenen Club gewartet haben. Noch im Juni 1985 rief sie Women on Wheels e.V. ins Leben. 65 Frauen waren auf ihren Maschinen zur Vereinsgründung ins hessische Gersfeld gefahren. Bereits am Abend stand die Vereinssatzung weitgehend fest. Vereinszweck laut Satzung sind die Interessenvertretung motorradfahrender Frauen durch Aktivitäten wie Treffen und Ausfahrten, Veranstaltungen zum Thema Motorrad, Sicherheitstrainings, für deren Teilnahme es Zuschüsse aus der Clubkasse gibt. Auch dieser Punkt fehlte in der Satzung nicht: der Einsatz für eine nichtsexistische Darstellung motorradfahrender Frauen in Werbung und Medien.

Der Schweizer Frauenmotorradclub Crazy Women hat sich gegründet, weil »wir in unserem Tempo fahren können, ohne Angeberei und Machogehabe«, so die Eidgenossinnen. »Trotzdem möchten wir über Benzin, Motoren, Öl, PS reden, viel lachen, Touren und Ausflüge planen, einfach Spaß zusammen haben.«

Die Women on Wheels kamen bei der letzten Zählung auf 130 Mitglieder. Am stärksten vertreten sind die Jahrgänge 1964 bis 1966. Interessant auch die Kubikzentimeterstatistik: Demnach kommen die Maschinen der Frauen im Schnitt auf 727 ccm.

Der Hexenring ist noch ein paar Jahre älter als Women on Wheels. Seiner Gründung 1979 ging ebenfalls eine Annonce voraus, geschaltet allerdings in keiner Motorradzeitschrift, sondern in dem feministischen Magazin *Courage*. In ihren besten Tagen gehörten der Frauenbewegung auf zwei Rädern 600 Frauen an, dann folgten schlechtere Zeiten, bevor sich die Zahlen wieder stabilisierten. Für diese Kurve hat der Hexenring auch eine Erklärung: Einige Frauen stiegen erst wieder aufs Motorrad, als ihre Familienphase vorbei war.

Männliche Motorradclubs betonen im Clubheim ihre pure und ungezügelte Männlichkeit gern durch Poster an den Wänden, auf denen sich Mädels auf Maschinen räkeln, die viel blonde Mähne und wenig Textil aufweisen. Und dazu in die Kamera gucken mit einem Blick, der nur entstehen kann, wenn der Fotograf ruft: Und jetzt gib mir die Katze! Ob ähnlich debile Pin-ups männlichen Geschlechts in den Unterkünften der Bikerinnen-Clubs hängen? Keine Ahnung, mann kommt ja nicht rein!

Weil Helga Steudel nur von Betonköpfen zu bremsen war

Helga Heinrich-Steudel wird als »die Rennamazone aus dem Vogtland« bezeichnet und das mit Fug und Recht. Denn ihr gelang als erster Frau der Sieg bei einer Motorradweltmeisterschaft, dazu unter widrigen Bedingungen. Es regnete ohne Unterlass, als die damals 26-Jährige am 17. Juli 1965 auf dem Sachsenring beim Großen Preis der DDR, der als WM ausgetragen wurde, sämtliche männlichen Rennfahrer hinter sich ließ und, vom Publikum frenetisch gefeiert, als Erste ins Ziel kam. Helga Steudel – der zweite Name kam erst mit ihrer Hochzeit hinzu – war mit ihrer MZ RE 125 in der 125er Ausweisklasse gestartet. Ohne Weiteres hätte sie auch in der Lizenzklasse starten können, denn alle Anforderungen erfüllte sie spielend. Doch man ließ sie nicht. Oder richtiger: Mann ließ sie nicht. Die Herren beim Motorradweltverband FIM verweigerten ihr die Lizenz, weil sie eine Frau war.

1959 begann die einzigartige Karriere der Rennamazone, die am 4. Mai 1939 in Görschnitz geboren wurde und sich früh dem Sport verschrieb. Zunächst noch gänzlich unmotorisiert, trieb sie Leichtathletik und Geräteturnen. Ein Sportstudium an der Deutschen Hochschule für Körperkultur in Leipzig hätte nahegelegen, aber Helga Steudel arbeitete in der Landwirtschaft, bis sie ihren Führerschein erwarb und dem MC Plauen beitrat. Nun begann ihre motorisierte Sportlaufbahn.

Bereits 1960 hatte es die junge Fahrerin auf das Titelbild einer Ausgabe des Magazins *Illustrierter Motorsport* geschafft. In einem Artikel wurde ihr Potenzial erkannt und gelobt: »Bei den Ausweisfahrern der Klasse 4 – 125 ccm imponierte besonders ein Mädel vom MC Plauen, wohl die einzige Frau, die gegenwärtig in der DDR dem Rennsport huldigt. Helga Steudel hielt rundenlang die Zuschauer in Atem. Als das Feld losging, hatte sie keineswegs einen günstigen Start, trotzdem lag sie schon nach Runde 1 weit voraus an der Spitze ...« Das Titelbild zeigt eine hübsche Frau in Lederkombi und mit Halstuch, die sich lässig auf den Lenker ihrer Rennmaschine lehnt.

Es blieb nicht bei dekorativen Fotos, bald kamen auch die Erfolge. Ihr erstes Rennen hatte Helga Steudel 1959 auf dem Bautzener Autobahnring noch mit einer 350er Jawa absolviert. 1960 stieg sie auf MZ um und fuhr fortan mit der RE 125. Erste Triumphe gelangen ihr im August 1963 beim Bergrennen in Geyer und einen Monat später auf der Dresdner Autobahnspinne.

Bis 1967 fuhr Helga Steudel Motorradrennen – immer als einzige Fahrerin unter lauter Männern. Die FIM-Lizenz blieb ihr aber bis zuletzt verwehrt. Dann heiratete die DDR-Sportikone – aber nicht, um fortan als Hausfrau und Mutter das Heim zu hüten. Ab 1970 startete sie nun bei Autorennen unter dem Namen Helga Heinrich. Ihre Rennautos waren der Melkus RS 1000 oder der Melkus Spider, Rennwagen auf Basis des Wartburg 353, umgebaut von dem Dresdner Motorsportler und Konstrukteur Ulli Melkus. Weil ihr Material nicht konkurrenzfähig war, stieg Helga 1983 aus dem Cockpit aus. Aber nicht für immer, dafür ist der Benzinanteil in ihrem Blut schlichtweg zu groß. Es ist unglaublich, aber Steudel fährt und fährt und fährt. Allein 2011 nahm sie 72-jährig an mehr als einem Dutzend Classics teil. Nicht nur mit Formelrennwagen, sie setzt sich auch weiterhin aufs Motorrad. Natürlich nur auf eins: auf ihre RE 125.

Weil Leslie Porterfield Willkommen im Club ist

Einen Geschwindigkeitsrekord zu schaffen müsste doch ganz einfach sein, wenn nur das richtige Gerät zur Verfügung steht. Den Rest schafft der ewige Weltmeister in uns dann von ganz alleine. Fast jeder Mann ist sich ganz sicher, in zwei Disziplinen absolut spitze zu sein: auf der Straße und im Bett. Ist ja auch ganz easy – einfach Vollgas geben und los. Hinderlich sind dabei höchstens die anderen Verkehrsteilnehmer.

Die gibt es auf den berühmten Salzseen von Bonneville in Utah nicht. Auf dem uramerikanischen Salzboden schaut es immer ganz problemlos aus, wenn immer neue Rekordversuche unternommen werden, denn auf Fotos und Videos erscheint der Untergrund sauber und eben, und er verspricht dennoch genügend Grip. Was also soll passieren, wenn man mit dem Motorrad auf Rekordjagd geht und die Maschine sauber auf Kurs hält? Viel mehr, als man sich beim Anblick der Bilder denken kann. »Auf dem Salz dreht das Hinterrad ständig durch, das Motorrad ist dauernd in Bewegung. Mit über 300 km/h über den Salzsee zu brettern ist einfach unbeschreiblich. Du bist in einem absoluten Rausch, es passiert unglaublich viel gleichzeitig. Das Motorrad ist unruhig und muss dauernd korrigiert werden, vor allem dann, wenn noch Wind dazukommt. Auf den Instrumenten müssen Ladedruck, Benzindruck, Drehzahl, Speed ständig beobachtet werden. Besonders wichtig ist dabei natürlich, dass der Körper stets die aerodynamisch richtige Position hat.« Wer da so spricht, das ist eine Sie und sie weiß, wovon sie spricht. Leslie Porterfield ist mit 376,9 km/h die schnellste Bikerin der Welt. Die hübsche Texanerin, die mit ihren hellen langen Haaren auch als blondeste Bikerin der Welt durchgehen könnte, fuhr bereits als 16-Jährige

Motorrad. Anfangs nur, um von A nach B zu kommen, doch dann kam der Spaß ins Spiel. Porterfield nahm an Enduro-Rennen teil und eröffnete einen Motorradhandel.

Sie war eine glückliche Gefangene der Faszination Speed. Unglücklich hingegen verlief ihre erste Rekordfahrt im August 2007. Beim Versuch, die 200-Meilen-Marke zu reißen, gelang es ihr nicht, die optimale Sitzposition zu finden. Als sie bei Tempo 170 auf Spuren im Salz geriet, konnte sie die Ausschläge des Lenkers nicht mehr korrigieren. Um der zierlichen Pilotin mehr Schwere mit auf den Weg zu geben, waren zusätzliche Gewichte an der Hinterradschwinge angebracht worden. Als jetzt auch noch das Heck ausbrach, machte Porterfield einen Abflug. Sieben Rippen brachen und verletzten ihre Lunge.

Als sie im Krankenhaus wieder wach wurde, galt ihr erster Gedanke dem nächsten Anlauf, Mitglied im 200-Meilen-Club zu werden, dem bis dahin ausschließlich männliche Mitglieder angehörten. 2008 ergriff sie die nächste Chance bei den Speed Trials und jetzt klappte alles: US-Rekord mit 209 mph (336 km/h) auf einer unverschalten Hayabusa. Damit fuhr Porterfield als erste Frau in der über 60-jährigen Geschichte der Bonneville Speed Trials mit Bravour in den exklusiven 200-mph-Club. Fast nebenher erzielte sie den Weltrekord für seriennahe Motorräder auf einer Honda CBR 1000 RR mit 192 mph (309 km/h) und wurde schließlich mit 234,2 mph oder 376,9 km/h schnellste Motorradfahrerin der Welt. Gefahren wurde der Weltrekord mit einer aufgebohrten, verkleideten 360 PS starken Turbo-Hayabusa. Sich jetzt bequem im gemütlichen 200-Meilen-Club-Sessel zurückfallen zu lassen ist Leslie Porterfields Ding nicht, schließlich hat noch keine Frau die 400-km/h-Marke gerissen.

Kapitel 4

Spielzeug der Reichen und Schönen

Das Anbaggern mit einer Harley funktioniert nicht mehr. Vielleicht deshalb, weil heute immer mehr Frauen selber solche Bikes fahren.

GEORGE CLOONEY

Weil John Lennon mit 50 Kubik gut fuhr

»Wir sind populärer als Jesus«, sagte John Lennon auf dem Höhepunkt der Karriere der Beatles. Wahrscheinlich hatte er mit dieser Aussage sogar recht, die aber trotzdem ziemlich großspurig rüberkommt. Dabei konnte es Lennon auch eine Nummer kleiner – beim Motorradfahren beispielsweise. Wenn er auf seiner Honda Monkey saß und über sein Anwesen kurvte, glaubten Augenzeugen, der Musiker habe seinem Sohn Julian das Spielzeug weggenommen. Der dünne Lennon hockte mit Armeejacke, Schirmmütze und angewinkelten Beinen auf der 50-ccm-Maschine wie auf einem heißen Stein. Es war unvorstellbar, dass er so längere Strecken zurücklegen konnte.

Aber dafür war die Monkey ja auch gar nicht gedacht. 1967 brachte Honda das erste dieser Bikes unter der Modellbezeichnung Z50-M auf den Markt. Gedacht war der Liliputaner mit den 5-Zoll-Rädern für kurze Fahrten zum Einkauf und als eine Art Beiboot für Wohnmobile, die sich in diesen Jahren allmählich etablierten. Markenzeichen der ersten Monkeys waren der Vier-Takt-Motor, eine oben liegende Nockenwelle und die Fliehkraftkupplung. 1969 wurden die Räder auf acht Zoll vergrößert, später gab es auch Zehn-Zoll-Reifen.

Für John Lennon war es das richtige Moped zum richtigen Zeitpunkt. Er hatte sich gerade das fantastische Anwesen Tittenhurst Park in der südenglischen Grafschaft Berkshire zugelegt, das von einer riesigen Gartenlandschaft umgeben war – also genau das richtige Gelände für eine Monkey, die sich noch heute einer treuen Fangemeinde erfreut. Es werden damit auch regelmäßig Motocross-Rennen veranstaltet. Lennon hatte sich das Äffchen 1970 für Runden durch seinen Park angeschafft, er hätte damit aber auch durchs gusseiserne Tor nach draußen fahren können, denn mit dem amtlichen Kennzeichen XUC 91H war die rot-weiße Honda für den Straßenverkehr zugelassen. Allzu viele Kilometer sammelte John Lennon aber nicht, denn im August 1971 vermachte er Haus, Hof und Moped seinem Kollegen Ringo Starr, um mit Yoko Ono nach New York zu ziehen.

Viele Jahre stand die Monkey unbeachtet in einer Garage rum. Dann holte einer der späteren Hausbesitzer die Maschine wieder ans Tageslicht und schenkte sie seinem Gärtner. 2008 kam Lennons Honda schließlich bei einer Auktion unter den Hammer. 45.000 Euro legte der neue Eigentümer auf den Tisch, das Fünffache des Schätzpreises und ein Vielfaches des ursprünglichen Kaufpreises. Aber dem glücklichen neuen Eigner ging's wohl auch nicht darum, einfach irgendein Moped zu bekommen.

Ein bisschen Tittenhurst Park haben die meisten John-Lennon-Fans übrigens auch in ihrem Wohnzimmer, denn der Musiker hat seine Solo-Platte *Imagine* in diesem Haus aufgenommen. Und auf dem Cover der Beatles-LP *Hey Jude* posieren die Fab Four vor dem Eingang von Lennons Heim.

Weil Polizisten nicht nur ärgern wollen

Der Anblick grüner bzw. blauer Motorradfahrer löst nicht immer
Jubel und begeistertes Hupen aus – nämlich dann nicht, wenn
die grünen/blauen Männer einen weißen Helm tragen und auf
der Verkleidung ihrer Maschinen die sieben Buchstaben P, O, L,
I, Z, E und I zu lesen sind. Sofort wird dem eigenen Gewissen
ganz schlecht, noch bevor man sich irgendeiner konkreten Schuld
bewusst ist. »Nö«, ist dann auch leicht verunsichert und halb-
herzig die Antwort auf die Standardfrage der Wachtmeister mit
Helm: »Sie wissen, warum wir Sie angehalten haben?« Nein,
man weiß es wirklich nicht, ahnt aber, dass die Geschwindigkeit
in der geschlossenen Ortschaft zu unangepasst war, der Knick im
Kennzeichen etwas zu heftig ausgefallen oder die Auspuffanlage
nicht zugelassen ist. Weil sie aber nicht immer nur Spielverderber
sein wollen, sind Motorradpolizisten häufig verständnisvoll und
bringen ihre eigenen Erfahrungen ins Spiel, von offenem Visier
zu offenem Visier gewissermaßen.

Die größte Charme-Offensive aber geht seit über einem
halben Jahrhundert von der Motorradsportgruppe der Berliner Polizei aus, von dieser Akrobatentruppe, die es schafft,
ihre Kunststücke so aussehen zu lassen, als würde sich eine
Hundertschaft ein Moped teilen. Die Truppe nennt sich nicht
etwa »Hell-Cops on Bikes« oder »Flying Policemen« oder gar
»The Freewheelin' Friends and Helpers«, sondern trocken und
fantasielos MoSpoGru. Es sind halt Beamte, die da in ihrer Freizeit ihre Kunststücke einüben und weltweit mit großem Erfolg
präsentieren. Dreißig Männer und Frauen aus allen Aufgaben-
bereichen der Berliner Polizei zeigen eine artistische Show. Mit
einigen Nummern daraus haben sie sogar Weltrekorde erzielt.

Die spektakulärsten tragen Namen wie: die Mühle, der Rotor, das Geisterkrad, die große Leiter.

Als Zuschauer legt man unwillkürlich die Hand schützend in den Schritt, wenn über eine Handvoll Polizisten, die im Kopfstand mit gespreizten Beinen verharren, zum Sprung angesetzt wird, und hofft, dass der springende Kollege nicht zu tief angeflogen kommt. Weltrekorde brachte der MoSpoGru der Bau einer Pyramide ein. 1994 fuhren bei »Wetten, dass..?« 83 Polizisten auf neun Maschinen. 1998 saßen, standen, lagen und krümmten sich sogar fünfzig Fahrer auf einer einzigen BMW – das ist die Hausmarke der MoSpoGru. Dreißig Maschinen der Baujahre 1951 bis 1964 gehören zum Fuhrpark der Truppe, darunter auch die kleinste BMW der Welt, die einen halben Meter hoch und 110 km/h schnell ist.

Die MoSpoGru kann man sich auch zu einem runden Geburtstag oder zu einer Weihnachtsfeier des eigenen Biker-Clubs kommen lassen, sie ist gar nicht so teuer. Und außerdem viel sympathischer als die Frage: »Sie wissen, warum wir Sie angehalten haben?«

Weil zusammenwächst, was zusammengehört

Den Soundtrack zum Motorradfahren liefert der Rock'n'Roll und nur der Rock'n'Roll. Bestimmt würden auch Glenn Miller, Miles Davis oder John Coltrane eine ganz exzellente Figur zu den passenden Maschinen machen, aber welche Maschinen passen schon zum Jazz, zu Bebop oder zu Big Bands? Soul ist verdammt sexy und Aretha Franklin sowieso. Aber mit *Mockingbird* auf den Ohren durchs Tal fahren? Auch Folk geht gar nicht, akustische Gitarren machen sich gut am Lagerfeuer, kurz bevor geknutscht wird. Aber beim Schrauben in der Garage? Nein.

Das wusste auch Bob Dylan, dessen Wandlung von der Folk-Ikone zum Rockmusiker mit seiner Liebe zum Motorradfahren einherging. Hörbar und sichtbar wurde das im August 1965, als sein sechstes Studio-Album erschien: *Highway 61 revisited*. Diese Platte markierte die Wende des Sängers und Songwriters und wird zu den wichtigsten Alben der Rockgeschichte gezählt. Bekanntestes Stück auf der Scheibe ist *Like a Rolling Stone*, es gilt nicht nur der gleichnamigen Zeitschrift als bester Song aller Zeiten – noch vor *Satisfaction* von den Stones und John Lennons *Imagine*.

Das Cover der Platte ziert ein Foto, das wie ein beiläufiger Schnappschuss anmutet: Der 24-jährige Sänger sitzt breitbeinig im Vordergrund und schaut in die Kamera mit einem Blick, der fast zu genervt erscheint, um noch cool zu sein. Unter dem geöffneten blauen Satin-Blouson mit psychedelischen Mustern trägt Bob Dylan ein graues T-Shirt, das nicht nur den Liebhabern englischer Spitzenmotorräder Freude macht. Zu sehen ist der Mittelteil eines Motorrads, darunter ist – vom Hemd verdeckt – »orcycl« zu lesen, darüber ein »u«, das jeder Biker sofort zuordnen kann. Es ist das »u« aus »Triumph«, der Marke, mit der Dylan Mitte der 1960er durch seine Heimat Woodstock, New York, kreuzte.

Bob Dylan besaß eine Tiger 100 in Rot und Silber. Bei seinen Ausritten hatte er gelegentlich eine zierliche Sozia dabei, die mit ihm mehr als die Liebe zum Motorradfahren teilte: Joan Baez. Mit dem Motorrad kam bei Dylan die E-Gitarre ins Spiel, sehr zum Missfallen seiner alten Folk-Fans, die ihm nur die akustische zubilligten.

Bob Dylans nächste Wandlung hat ebenfalls mit seinem Motorrad zu tun. Am 29. Juli 1966 stürzte der Sänger bei einem Ausflug mit seiner Maschine und zog sich Rückenverletzungen zu. Die Bremsen hätten blockiert, erklärte er selbst, bestimmt ein Fahrfehler, sagten andere. Außerdem kursierte die Meinung, dass es diesen Unfall nie gegeben habe, doch eine spektakuläre Nahtoderfahrung macht sich in jeder Star-Biografie gut. Und Dylan hatte schließlich eine neue Botschaft zu verkünden: Während seiner Genesung sei ihm schlagartig bewusst geworden, dass er nicht länger den Blutsaugern dienen wolle – gemeint war die Plattenindustrie – und dass er von nun an mehr für seine Kids und die Familie da sein wolle.

Wie auch immer, es gab eine ganze Reihe junger Kerle, die *Highway 61 revisited* hörten, das Cover mit dem lässigen Typen im Triumph-Shirt in den Händen hielten, um dann zu beschließen, dass sie ebenfalls unbedingt Motorrad fahren und Musik machen wollten. Einer dieser jungen Kerle, die mit Dylans LP unterm Arm auf direktem Weg vom Plattenladen in den Motorrad-Store stiefelten, war Bruce Springsteen.

Weil Kindheitsträume wahr werden müssen

»Ich liebe es, bei vollem Tempo Motorrad zu fahren, weil ich kein befreienderes und intensiveres Gefühl kenne. Mitunter riskiere ich dabei Kopf und Kragen. Doch jedes Risiko ist ein Schuss zusätzlicher Lebensenergie, den man sich selber schenkt.« Der so spricht, ist als vornehm-zurückhaltender Brite weltberühmt, der auf der Leinwand aber gern auch finstere menschliche Abgründe streift. Jeremy Irons wurde 1948 auf der Isle of Wight geboren und ist heute eine feste Größe in Hollywood. Höhepunkt seiner Schauspiellaufbahn ist der Oscar, den er 1991 als bester Darsteller für seine Rolle des Claus von Bülow in dem Drama *Die Affäre der Sunny von B* gewonnen hat.

Irons wuchs sehr konventionell und traditionell auf und empfand dieses Leben als ausgesprochen langweilig. Spannender fand er die Vorstellung, einfach abzuhauen, um am Rande der Gesellschaft zu leben, beispielsweise in einem Zirkus oder in einer Jahrmarktstruppe. Diesen Ausbruch wagte er dann zwar nicht, aber mit dem Schauspielerberuf wählte er ein Leben, das dem eines Gauklers und Vagabunden sehr nahe kommt. Wenn es auch im besten Fall – wie in seinem Fall – deutlich besser bezahlt wird.

Schauspieler verlängern mit ihrer Tätigkeit ihre Kindheit bis ans Lebensende. Genau das wollte Irons, der immer dann glücklich war, wenn er auf den Jungen in sich hörte. »Ich bin überzeugt, dass nur das Festhalten an den Idealen der Jugend einen zufriedenen Erwachsenen ausmacht«, erklärte der Schauspieler, der als schlimmer Finger in *Stirb langsam* eine genauso gute Figur macht wie in dem Historien-Epos *Königreich der Himmel*.

Wenn er nicht dreht, restauriert der verheiratete Vater von zwei Kindern baufällige Schlösser, die er in Irland sammelt, oder setzt sich aufs Motorrad. Jeremy Irons ist Mitglied eines Motorradclubs, dessen Name schon so gut zu dem eleganten Feingeist passt wie sein Kilcoe Castle im irischen County Cork: Guggenheim Motorcycle Club. Diesem Club gehören Schauspielkolleginnen und -kollegen wie Lauren Hutton und Laurence Fishburne an, auch Dennis Hopper war bis zu seinem Tod Mitglied. Entstanden ist der Club aus der erfolgreichsten Ausstellung in der Geschichte des legendären Guggenheim-Museums – The Art of Motorcycle –, die 1998 in New York durch Irons' Freund Tom Krens eröffnet wurde. Der Ausstellungsmacher Krens ist auch Chairman des Motorradclubs, dessen Touren durch Amerika und Mexiko führen.

Jeremy Irons bevorzugt Motorräder einer Firma, die maßgeblicher Sponsor der Guggenheim-Ausstellung war. Er fährt eine edle BMW R1200 GS. Weshalb soll er sich auch mit Geringerem begnügen, lebt er doch nach dem Motto: » Ab dem vierzigsten Lebensjahr gibt es wahrlich keine Entschuldigung mehr dafür, Vorhaben weiter aufzuschieben, von denen man sein Leben lang träumte. «

Weil sogar nach der Königsklasse noch was kommt

Wenn die Formel 1 als Königsklasse des Motorsports gilt, was kann dann noch kommen? Wenn also ein Michael Schumacher alles erreicht hat, was man mit einem Automobil erreichen kann, was kann dann noch eine Herausforderung sein? Es gibt nur eine Antwort: aufs Motorrad steigen!

Am Gründonnerstag 2008 nahm Michael Schumacher in Ungarn auf dem Pannonia-Ring an seinem ersten Rennen teil. Im Rahmen einer Racing-for-Fun-Veranstaltung fuhr er mit einer Honda CBR1000RR des Teams Holzhauer Racing Promotion auf den dritten Platz des mit 27 Teilnehmern besetzten Wettkampfs. Schneller als Schumi waren nur noch die österreichischen Profis Martin Bauer und Andreas Melau. Nach diesem Erfolg kündigte der siebenfache Formel-1-Weltmeister an, eine volle Racing-for-Fun-Saison zu bestreiten. Er machte ernst mit den Spaßrennen und siegte am Ostermontag 2008 auf dem spanischen Circuit de Catalunya mit einer Triumph Daytona 675. Am 30. März startete er in Misano in Italien in seinem ersten gewerteten Rennen mit einer KTM Super Duke im Rahmen der KTM Trophy. Schumi kam als Vierter ins Ziel.

Der mehrfache Sportler des Jahres, Ehrenbotschafter der Republik San Marino und Namensgeber einer S-Kurve auf dem Nürburgring setzte sich danach bei neun von 16 Läufen in der Superbike-Klasse der Internationalen Deutschen Motorradmeisterschaft in den Sattel und wurde zusehends besser.

Für den Ausflug in die neue schnelle Welt der Superbikes hatte sich Schumi zunächst einen Künstlernamen zugelegt, er war gemeldet als Marcel Niederhausen aus Stuttgart. Stutzig wurden Beobachter bereits, als ausgerechnet diesem neuen Unbekannten im Zirkus eine besonders große Garage in der Boxengasse zugeteilt wurde. Die Rennveranstalter kamen Schumacher alias Niederhausen nur zu gern entgegen, denn ein besserer Werbeträger ist in Motordeutschland kaum denkbar.

Dass er nach nur einem Jahr Vorbereitungszeit als Motorradrennfahrer mithalten konnte, führte Schumacher auf seine lang trainierten Gefühls-Parameter, wie er es ausdrückte, zurück, die er auch mit zwei Rädern weniger nicht verloren hätte.

Anders als in der Formel 1, wo er zum Multimillionär geworden war, musste er zu den Motorradrennen Geld mitbringen. Das wird ihm weniger ausgemacht haben als das Lehrgeld, das er mit einigen Stürzen zu zahlen hatte. Sein geplantes Formel-1-Comeback bei Ferrari scheiterte nicht zuletzt an den Folgen seines schweren Sturzes im Februar 2009, bei dem er sich Schulter und Nacken verletzt hatte. Auf die Frage eines Journalisten, warum er sich das überhaupt antue, gab Michael Schumacher die ultimative und universelle Antwort: Es mache tierisch viel Spaß, mit zwei Rädern unterwegs zu sein.

Weil Fliegen nicht schöner, aber nützlich ist

Es gibt nicht wenige, die ein Bikerleben für unerfüllt und ver-
schenkt halten, solange Amerika nicht durchfahren wurde.
Amerika – das gelobte Land für alle PS-Gläubigen auf zwei
Rädern und alle die, für die Motorräder und Amerika nur zwei
verschiedene Wörter für Freiheit sind. Der Weg führt von der
Ostküste zur Westküste oder von der kanadischen Grenze runter
nach Mexiko oder am Grand Canyon vorbei, durch die Rocky
Mountains und die Mojave-Wüste, natürlich auch mal über die
Reste des Highway 66. Es gibt unendliche Möglichkeiten, wenn
die finanziellen Voraussetzungen gegeben sind.

Viele Veranstalter bieten für vierstellige Beträge tolle Pakete
an: Direktflüge, Transfers, Hotelbuchungen, Verpflegung, Be-
gleitfahrzeuge samt Pannenhilfe, erfahrene Tour-Guides und
zur Erinnerung Fotos, Videos oder ein exklusives Tour-Shirt im
»Ich war dabei«-Stil. Motorräder werden auch zur Verfügung
gestellt, meistens die des Herstellers, der so amerikanisch ist wie
die NASA. Genau das ist aber das Problem: Nicht jeder möchte
mit einem Leih-Motorrad fahren, denn wenn schon mal die
Chance besteht, Traumrouten im Land der Träume zu fahren,
dann möchte man das doch bitte auf der innig geliebten eigenen
Maschine tun. Flitterwochen verbringt man bis auf wenige Ausnahmen ja auch mit dem eigenen Partner.

Doch es gibt Lösungen – zwei, um genau zu sein: Das eigene
Schätzchen kann verschifft werden. Das ist bestimmt die romantischste, aber auch die zeitraubendste Möglichkeit. Container-
schiffe sind ungefähr zwei Wochen unterwegs, was zwei Wochen
ohne Motorrad bedeutet. Die Liefertermine können auch kaum
zuverlässig angegeben werden. Bis so ein handelsübliches Schiff-

chen seine 10.000 Container an Land verteilt hat, kann auch mal ein ganzer Monat vergehen. Das ist natürlich ganz schlecht, wenn man bereits im Hafen von Boston steht und sehnsüchtig mit dem Helm auf dem Kopf auf seinen Schatz wartet, der dann auch erst mal wieder durch den Zoll muss.

Alternativ kann das Bike im Flugzeug mitgenommen werden. Maximal drei Tage vor Abflug wird die Maschine mit nur noch viertel vollem Tank zum Frachtzentrum der Airline gebracht. Dort wird das gute Stück auf einer Holzpalette festgezurrt und zusätzlich von manchen Airlines mit Planen geschützt, bevor es in den Frachtraum des Fliegers gehievt wird. Weil es sich bei einem Motorrad nicht um Gepäck, sondern um Fracht handelt, fällt einiges an Papierkram an. Auch beim Zoll. Obwohl das Motorrad ja nicht nach Amerika verkauft wird, sondern nach der Reise wieder mit zurückfliegen soll, muss es durch die Zollabfertigung.

Für 'ne Handvoll Dollar beziehungsweise Euro nehmen einem Speditionen einen großen Teil der humorlosen Ausfüllerei des Abfertigungsformularvordrucks ab. Die gesparte Zeit lässt sich sinnvoll nutzen: fürs Kartenstudium, für die Lektüre der einschlägigen Motorradreiseführer oder um sich mit *Easy Rider* einzustimmen.

Weil Dächer nur was für Bushäuschen sind

Für die einen war's ein längs halbierter Smart, für die anderen ein konzeptioneller Doppelfehler: der BMW C1. Ein motorisiertes Zweirad mit Dach und Anschnallgurt – das mag vieles sein, aber kein Motorrad. Ende 2007 wählten die Leser der Zeitschrift *Motorrad* den Dachroller auf Platz 1 der zwanzig größten Motorrad-Flops. Zu diesem Zeitpunkt wurde das Gefährt schon längst nicht mehr gebaut.

Im Frühjahr 2000 hatte BMW das »innovative Mobilitätskonzept auf zwei Rädern« präsentiert und bereits im Herbst 2002 wieder beerdigt. Zu wenig Käufer fanden den Roller innovativ, chic oder wenigstens extravagant. Die Nicht-Käufer fühlten sich optisch an Lifta, den Treppenlift, erinnert oder an überdachte Gehhilfen, auf denen die Fahrer saßen wie auf dem vorderen Teil einer Toilettenbrille. Dabei war der C1 viel mehr als ein Allwetter-Roller: Erstmals wurde ein Zweirad mit Sicherheitszelle ausgestattet, ein Crash-Element diente als Knautschzone und Überrollbügel boten dem Fahrer Schutz bei Stürzen, vorausgesetzt, er oder sie hatte die zwei Sicherheitsgurte angelegt, da das über 100 km/h schnelle 200-Kilo-Teil ohne Helm gefahren werden durfte. Das galt jedenfalls für Deutschland, die Briten und die alten Schweden trauten der Sicherheit nicht so ganz.

Die Windschutzscheibe verhinderte, dass die Fönfrisuren der Banker und Makler, die BMW mit seiner Werbung für die C1 offensichtlich anpeilte, Schaden nahmen. Selbst Regentröpfchen von der Seite hätten die Armani-Anzüge kaum benetzt, dafür sorgte das besondere Regenschirmkonzept. Wenigstens in Metropolen wie Paris und London kam das gut an, dort werden Extravaganzen traditionell goutiert. Im Mutterland von BMW, die den Roller mit österreichischen Rotax-Motoren im italienischen Turin montieren ließen, wollten weder Autofahrer den Zweitwagen durch einen C1 ersetzen, noch wollten Biker sich anschnallen, auch wenn dann legales Fahren ohne Helm möglich gewesen wäre. Neben den ästhetischen Zweifeln gab es noch drei andere Gründe, die gegen den Versuch aus München sprachen: zu teuer, zu teuer, zu teuer. Zu viele Extras kosteten auch extra. Wer gerne gut verzögern, Gepäck und gelegentlich einen Beifahrer mitnehmen wollte, musste für ABS, Top Case und Zusatzsitz zusätzlich bezahlen und war schnell bei 16.000 Mark angelangt. Das ist viel Geld, zumal sich der Sozius auf dem Zusatzsitz auch noch hinter der Sicherheitszelle befindet, wo man Helm tragen muss, wodurch das Ganze dann recht bescheuert aussieht.

Es gibt allerdings durchaus Menschen, die das alles überhaupt nicht stört. Diese Menschen sind C1-Fahrer. Die Namensrechte hat BMW zwar längst verkauft – ein nur halb so innovativer Cityflitzer von Citroën segelt heute unter der Bezeichnung C1 –, doch wer einen solchen Roller besitzt, will ihn nicht mehr hergeben, haben ihn doch die Nachteile – weder die Kosten, noch das eigenwillige Design – nicht gestört. Er ist trotz allem von dem geschmähten innovativen Mobilitätskonzept auf zwei Rädern für lange Zeit begeistert und überzeugt.

Weil Briefmarken nicht rollen können

Die amerikanische Hall of Fame des Motorrads versammelt Rennfahrer und Rekordhalter, großartige Pioniere und heldenhafte Piloten wie Jay Leno. Ja, es handelt sich um den Leno, den auch hierzulande die Fernsehzuschauer mindestens einmal gesehen haben, und sei es als ein Vorbild von Harald Schmidts Late Night Shows. Jay Leno, das ist der mit dem Kinn, das an den Bug einer Boeing 747 erinnert. Seit 1992 moderiert er beim US-Sender NBC mit der *Tonight Show* die älteste Late Night Show der Fernsehgeschichte.

Davon lässt es sich so gut leben, dass er sich eine Garage zulegen konnte, die dem Hangar eines mittleren Metropolen-Flughafens Konkurrenz macht. Die Zahl seiner Exponate – Autos und Motorräder – bewegt sich im dreistelligen Bereich. Wenn dereinst die Marsmännchen auf der ausgestorbenen Erde in Erfahrung bringen wollen, womit sich die Erdenbürger so fortbewegt haben, müssten sie nur in Lenos Garage gehen, um eine enorme Auswahl inspizieren zu können. Die ist allerdings nicht ganz repräsentativ, denn der gelernte Stand-up-Comedian schlägt nicht unbedingt beim VW Lupo zu, doch wenn VW einen Bugatti Veyron für über eine Million ins Schaufenster stellt, dann bindet sich Leno die Schuhe zu und geht einkaufen. 1000 PS wie sein Veyron haben auch sein Rolls Royce Phantom II von 1932, dank eines Flugzeugmotors, und sein Oldsmobile Tornado, eine Spezialanfertigung für den Late-Night-König.

Jay Leno betritt seine Garage aber nicht nur, um Kotflügel und Heckflossen zu streicheln, er will mit seinen Errungenschaften auch fahren: zu Oldtimershows, zu Rennen oder einfach nur zur Arbeit ins Fernsehstudio. Fahrtüchtigkeit erwartet er auch von seinen unzähligen Motorrädern wie der restaurierten Ace, mit der er nicht nur auf dem Mulholland Drive alle Blicke auf sich zieht. Zurück in der Garage, schreibt Leno begeistert Fahrtenbuch; seine Berichte bestechen durch historisches und technisches Know-how und lesen sich gleichzeitig wie Liebesbriefe voll Witz und Humor.

Seine Liebe zum Motorrad erwachte 1966, als er 16-jährig den Laden eines Triumph-Händlers betrat und vor einer neuen Bonneville stehen blieb. Auf deren Tank stand auf einem Sticker: »For the Expert Rider«. In diesem Augenblick dachte er: Das bin ich, ich habe den Führerschein!

Jede Stunde, die er fahre, erfordere eine Stunde und zehn Minuten Pflege und Wartung, sagt er. Außerdem will er seinen Maschinen einfach nur nahe sein. Wenigstens mit den Augen kann man Lenos opulente Garage betreten, denn er hat ihr eine eigene Homepage eingerichtet. Und im Kinderzimmer kann man nachvollziehen, was Leno auf den Canyon Roads in Kalifornien fährt, denn der Spielzeughersteller Mattel hat eine Serie mit seinen Spezialitäten als Spielzeuge aufgelegt: die Jay Leno Hot Wheel Collection.

Mit seinem Bekenntnis zum Motorrad, so die Motorcyle Association, habe er so viel für das Image der Biker getan, dass er im Jahr 2000 in die Ruhmeshalle eintreten durfte.

Weil das schönste Museum
den schönsten Dingen gewidmet ist

Was für Niederbayern die CSU, ist für Neckarsulm NSU. So viel
Kalauer muss sein, wenn es um Dinge geht, die untrennbar miteinander verbunden sind. Nach 15 Jahren Fahrradbau begann
die Firma NSU – die drei Buchstaben bedeuten nichts anderes
als den Namen der Stadt Neckarsulm – 1901 mit dem Bau von
Motorrädern und dominierte eine ganze Epoche; in den 1950ern
baute weltweit keine Firma mehr Motorräder als NSU. Grund
genug, 1956 genau hier ein Motorradmuseum zu errichten. Es
war gedacht, künftigen Generationen zu zeigen, womit sich die
Altvorderen bewegten. Denn die Museumsgründer waren sich
sicher, dass die Tage des Motorrads bereits gezählt waren und
der Mensch der Zukunft ausschließlich Opel Rekord und dessen
Verwandte fahren würde. Auch wenn sich die Gründer irrten,
das Ergebnis ist trotzdem großartig.

Unterstützt von NSU und dem Deutschen Museum München
wurden museumsreife Exponate an einem angemessen prächtigen Ort zusammengetragen, dem ehemaligen Deutschordens-
schloss, das, durch Bombenangriffe stark beschädigt, gleich nach
dem Krieg wieder aufgebaut worden war. Eröffnet wurde das
Museum im Mai 1956, die Ehrengäste aus dem In- und Ausland durften ungefähr siebzig hochglanzpolierte Exponate be-
wundern. Dreißig Jahre später wurde als Dauerausstellung die
NSU-Abteilung eröffnet, was zu dem heutigen Namen führte:
Deutsches Zweirad- und NSU-Museum. Seit Gründung hat sich
die Ausstellungsfläche auf 2000 m² nahezu vervierfacht. Treppen
wurden durch schiefe Ebenen ersetzt, die die einzelnen Etagen
verbinden. Das ist weniger ein Spezialservice für verunglückte

Motorradfahrer als vielmehr eine Einladung an alle Rollstuhlfahrer, barrierefrei durch die Räume zu kommen. Bestaunt werden können Gottlieb Daimlers Reitwagen von 1885 und der Prototyp des Ur-Motorrads von Hildebrand und Wolfmüller von 1894. NSU ist unter anderem mit der »Neckarsulmer« von 1901 vertreten, DKW mit dem »Reichfahrtsmodell«, daneben fast vergessene Marken: Cyklon, Allright, Windhoff. Noch mehr NSU wartet im Keller, denn dort wurde die Dauerausstellung eingerichtet. Blickfang sind eine Sportmax von 1955 und eine Rennfox von 1954, mit der Werner Haas Weltmeister wurde und dessen feiste Verkleidung einem sofort den Spitznamen »Blauwal« in Erinnerung ruft.

Im Zwischengeschoss werden Maschinen der Jahre 1930 bis 1945 präsentiert, unter ihnen viele im Krieg eingesetzte Motorräder. Im Obergeschoss geht's von den Nachkriegsjahren in die Gegenwart. Neben Triumph, Horex, Ducati und Harley erscheinen jetzt die Japaner mit Honda und Kawasaki. Als Letztes kam eine Rennsportabteilung hinzu, die ebenfalls beweist, dass die Museumsgründer mit ihrer düsteren Prognose für das Motorrad zwar unrecht hatten, aber trotzdem einen verdammt guten Job gemacht haben.

weil's auch ohne zündfunken geht

Fangen wir mit den Vorteilen an: Aus dem Auspuff fliegt so gut
wie kein Benzol und Zündkerzen müssen auch nicht gewechselt
werden, weil's gar keine gibt, also zehn Euro gespart. Um alle
anderen Vorteile aufzuzählen, muss man schon Liebhaber von
Dieselmotoren sein, sei es wegen des rhythmischen Klopfens, sei
es wegen des vielleicht niedrigeren Verbrauchs, sei es wegen der,
nun ja, nennen wir es Gemütlichkeit. War Diesel einst der Kraft-
stoff von Lastkraftwagen und später von schweren Limousinen aus Untertürkheim, so gelang es den Ingenieuren mit der
Zeit, auch spritzige Sportwagen mit Dieselmotoren zu Höchst-
leistungen anzutreiben. So wurde es technisch umsetzbar, auch
Motorräder ohne Einbußen bei Top-Speed und Beschleunigung
mit Dieselmotoren auszustatten. Aber in der Breite hat es sich nie
durchgesetzt und das wird es wohl auch nicht.

Als einziges Serienmotorrad mit Dieselaggregat wurde lange
Zeit Royal Enfield gelistet. Tuner wie Horst Beckedorf haben sich
neue Enfields aus Indien in die Werkstatt im Odenwald kommen
lassen und Dieselmotoren von Lombardini oder Ruggerini eingebaut. Bestens geeignet für die Umrüstung waren die 325er, die
435er und die 440er, nicht zuletzt wegen der getrennten Gehäuse
von Motor und Getriebe. Doch mit der Vorstellung des Nach-
folgemodells Royal Enfield Bullet 500 Standard EFI machten
die Inder dem Schrauber im Odenwald einen Strich durch die
Dieselrechnung: Der Aufbau des neuen Motorrads macht die
Umrüstung technisch unmöglich. Dabei gibt's die wunderbarsten
Motörchen wie den chinesischen Punsun mit seinen 22 PS, der
in seinem Heimatland zuverlässig Kähne, Kleinlaster und Ge-
neratoren antreibt. Dieser selbstzündende Einbaumotor ist wie

geschaffen für die Lücke zwischen Vorderrad und Getriebe der ewigen Royal Enfields, die auch fabrikneu aussehen, als hätten sie bereits ein halbes Jahrhundert am Ganges auf dem Buckel. Royal Enfield fühlt sich eben seiner Tradition verpflichtet und zeigt gern, dass es die älteste produzierende Motorradschmiede der Welt ist. Sie wurde 1893 gegründet und baute 1901 die erste Maschine. Triumph ist als Firma zwar sieben Jahre älter, kam aber erst ein Jahr nach Royal Enfield mit einem Motorrad auf den Markt.

Das erste Gefährt, das unter dem Namen Royal Enfield durch die Straßen im englischen Enfield, Middlesex, rollte, kam noch ganz ohne Motor aus: Es war ein Fahrrad, doch auch dieses wurde bereits unter dem legendären Slogan »Made like a gun« vermarktet. Der martialische Werbespruch verdankte sich einem anderen Bereich der Firma, die seit 1955 in Indien produziert: der Herstellung von Gewehren.

Enfield selbst fertigte Motorräder mit Dieselantrieb, doch die vermochten sich in Europa nicht durchzusetzen: zu lahm, zu dreckig. Da wusste die Motorradmanufaktur von Jochen Sommer in Eppstein Abhilfe zu schaffen. Sommer, der sogar seine Diplomarbeit zum Thema Royal Enfield geschrieben hatte, verbaute saubere Hatz-Motoren, erfüllte damit sämtliche EG-Normen und ist auf das Ergebnis so stolz, dass auf dem Dieseltank nicht mehr der Schriftzug »Royal Enfield« steht, sondern auf gelbem Grund sein eigener.

Kapitel 5

Harder, louder, faster

They hunt in packs – like wolves on wheels.
Hell raising troublemakers!

TRAILER ZU ›THE WILD ANGELS‹

Weil es schwerelosigkeit nicht nur im All gibt

»Schneller, höher, weiter« lautet die gute alte olympische Parole. Eine Sportart, die erst im neuen Jahrtausend geboren wurde, nimmt sich vor allem eine Richtung vor: höher, höher, höher! Die Rede ist von der Night of the Jumps, bei der Motocross-Maschinen in der Luft überzeugen sollen und nicht am Boden. Angefangen hat alles als Rahmenprogramm bei ganz normalen Motocross-Veranstaltungen. Im Vorprogramm oder in den Pausen zwischen den Wettbewerben wurde das Publikum mit Flugeinlagen unterhalten, die viele Zuschauer als spektakulärer empfanden als die eigentlichen Rennen, mit Salti rückwärts, bei denen der Fahrer absteigt, um sich dann wieder in den Sattel zu ziehen, mit quer in der Luft liegenden Maschinen, Sprunghöhen von bis zu zehn Metern und akrobatischen Pirouetten von Mann und Maschine.

Wenn eine Sportart aussieht, als hätte man den Athleten Flügel verliehen, dann ahnt man schon, welcher Sponsor auf den Plan tritt. So sind die Austragungsorte auch immer in den roten, gelben und Farben des Getränkeherstellers gehalten und der Bulle ist allgegenwärtig. »Night of the Jumps« ist ein flotter Markenname für das Event, das offiziell FIM Freestyle Motocross World Championship heißt. Wenn FIM dann auch noch als Fédération Internationale de Motocyclisme ausgesprochen wird, ergibt das aber einen verdammt sperrigen Namen für eine Show, die doch vor allem eins sein soll: megageil!

Zwölf Fahrer gehen bei den World Championship Events an den Start, acht davon sind über die Weltrangliste qualifiziert, zwei stellen die Promoter, zwei der Verband des gastgebenden Landes. Die Jumper kommen viel rum, sie füllen die ganz großen

Hallen in Berlin, Basel, Turin, Danzig und Sofia. Aber auch die Menschen in Brasilien, Russland und Namibia lieben die fliegenden Biker.

Best Whip, Highest Air und Freestyle Motocross heißen ihre Disziplinen. Beim Best Whip geht's darum, die Maschine in der Luft zu drehen – die stärkste Drehung, der stärkste Whip gewinnt. Beim Highest-Air-Wettkampf wird die Sprunghöhe gemessen. Dass dabei die Zehn-Meter-Marke geknackt wird, erwarten die Zuschauer inzwischen von allen Fahrern. Wichtigster Programmpunkt einer Hüpfnacht ist Freestyle Motocross, bei dem der Fahrer das Rennen macht, dessen Tricks den größten Schwierigkeitsgrad aufweisen. Die Bewertung übernehmen Punkterichter. Abgesprungen wird von einer Rampe, gelandet auf aufgeschütteten Hügeln. Zwischen Start und Landung liegen 15 Meter weite Sprünge, die die Fahrer mit atemberaubenden Figuren gestalten. Je waghalsiger, desto besser. Oft fragen sich die Beobachter der Flugeinlagen, wie die Maschine wieder auf die Räder kommen soll, doch die meisten Profis landen perfekt.

Der Chilene Javier Villegas ist der König der Hüpfburg, unter den deutschen Fahrern tragen Hannes Ackermann und sein kleiner Bruder Luc die großen Namen im Freestyle-Motocross. Beide sind jung, gelenkig und unerschrocken. Das sollte man auch sein, wenn man beim Motorradflug zwischendurch absteigt, um dann wieder aufzusitzen, oder wenn man, waagerecht in der Luft liegend, nur noch mit einer Hand am Sattel Kontakt zum Bike hat, bevor es geordnet in den Landeanflug geht.

Weil die DDR mal ganz vorne mitfuhr

Es gab nicht allzu viele Bereiche, in denen es die DDR an die Weltspitze schaffte, Sport gehörte definitiv dazu: Leichtathletik, Schwimmen, Eiskunstlauf. Ganz ohne Doping wurde 1974 der spätere Fußballweltmeister geschlagen, doch das war eine einmalige Leistung. Ganz anders sah es beim Motorradsport aus, hier wurde eine ganze Dekade von der DDR dominiert – ab 1963 bis zum Ende des Jahrzehnts wurde die Internationale Sechstagefahrt nach Belieben beherrscht. Ein Name und eine Marke gehören hier zusammen wie Verbrennungsmotoren und Benzin: Werner Salevsky, genannt Salli, und MZ.

Der gelernte Schlosser gewann 1956 bei dem Geländerennen Rund um Zschopau seinen ersten großen Titel. 16 Jahre jung war er zu diesem Zeitpunkt. Drei Jahre später wurde er Werksfahrer beim Volkseigenen Betrieb Motorradwerk Zschopau und Mitglied der DDR-Mannschaft bei der Internationalen Sechstagefahrt. 1963 gewann das Team um Salli zum ersten Mal die Six Days Trophy im tschechoslowakischen Spindlermühle. Nach diesem Welterfolg im Riesengebirge siegte Salevskys Mannschaft 1964, 1965, 1966, 1967 und 1969. Dass ausgerechnet ihr Mannschaftskapitän gestürzt war, hatte 1968 den Triumph des ostdeutschen Teams verhindert. »In der ganzen Welt machte die MZ von sich reden«, hieß es 1972 in einem DDR-Kinderbuch, »die MZ schickte sich an, zum besten Motorrad der Welt zu werden.« Werner Salevsky wurde zum »König des Geländesports« gekürt, so jedenfalls lautete 1980 eine Überschrift in dem DDR-Magazin *Illustrierter Motorsport*. Ausnahmslos wurde auf MZ ins Gelände gestartet, das ganze Werk verfolgte von Zschopau aus die sechs Tage unter Hochspannung, schließlich ließen ihre

Motorräder die Konkurrenz aus Italien, Japan und auch aus der BRD hinter sich im Schlamm zurück.

Einmal wurde der Mannschaft vor einer Trophy von den Werktätigen versprochen, im Falle eines Sieges einen Elefanten zu schlachten. Der Sieg war da, doch an einen Elefanten zu kommen war noch schwieriger als der Erwerb von Bananen. Weder der Berliner Tierpark noch die Zoos in Dresden und Leipzig wollten ihre Dickhäuter spendieren. Da die DDR aber immer so etwas wie das Mutterland der Improvisation war, wurde aus Holzwolle und Plüsch ein mannshoher Spielzeugelefant gebastelt und zum Empfang der Schlammhelden vors Werk gestellt.

Ein begehrtes Sammlerstück aller MZ-Liebhaber ist ein Tankdeckel, in dem unter dem Firmenlogo die sechs Jahreszahlen der größten Sechstage-Erfolge eingestanzt sind und kreisförmig darum herum die Information: »International Six Days – World Trophy Winners«.

1987 gelang einer DDR-Mannschaft und MZ ein weiteres und letztes Mal der Sieg bei der Trophy. 1990 wurde MZ im Zuge der Wiedervereinigung privatisiert, im Dezember 1991 meldete die Motorradwerk Zschopau GmbH Konkurs an. Werner Salevsky erlebte das nicht mehr, der König des Geländesports war nur wenige Monate zuvor im Auftrag von MZ in Großbritannien unterwegs und dort mit seinem Wagen tödlich verunglückt.

Weil sich die besten Erfindungen bestens ergänzen

1876, wenige Jahre vor der Erfindung des Motorrads, erfand Alexander Graham Bell das Telefon. Die Verbindung beider Erfindungen trug maßgeblich zum Sieg des deutschen Fahrers Georg Meier bei der Isle of Man Tourist Trophy im Jahr 1939 bei. Georg »Schorsch« Meier, ein begnadeter Fahrer und ein verschmitztes Kerlchen, konnte sich immer gut an seine Ankunft auf der Insel in der Irischen See erinnern, weil alle so freundlich zu ihm waren, besonders die Engländer. So freundlich, dass er sich bereits wunderte – bis er seine Motorradjacke auszog und sah, was Unbekannte in der Nacht nach dem ersten Training auf die Rückseite geschrieben hatten: ein großes weißes L. Für »Learner«. Ein Lausbubenstreich einerseits, andererseits nicht ganz unberechtigt, machten doch seit dem ersten Rennen im Jahr 1907 die Engländer und Iren ziemlich unbehelligt unter sich aus, wer als Champion abreisen durfte.

Der »Gusseiserne Schorsch«, so sein Spitzname, nahm es mit Humor und machte dann ernst. Bereits am zweiten Tag war er mit seiner 500er BMW Trainingsschnellster. Doch bei dem eigentlichen Rennen in der größten Klasse hatte er zunächst mit argen Schwierigkeiten zu kämpfen, da er in Sachen Reglement komplettes Neuland betrat. Anders als bei den Rennen, die er kannte, wurde nicht gleichzeitig gestartet, sondern nacheinander in einem Abstand von zwanzig Sekunden. Schorschs Problem war die Orientierung im Feld, er habe nie gewusst, an welcher Stelle er gerade liegt und wie viel Zeit auf die Fahrer vor ihm fehlt. An dieser Stelle kam die glorreiche Erfindung von Bell ins Spiel. Meiers BMW-Team hatte Telefone mitgenommen und eine eigene Leitung gelegt – 25 Kilometer lang, vom Start in Douglas nach Ramsey. Bereits nach der ersten Runde konnte der Telefonist dem Fahrer signalisieren, dass er schon einen Vorsprung von fünfzig Sekunden rausgeholt hatte.

Nach der zweiten Runde hatte der Bayer mit der Startnummer 49 den Vorsprung auf achtzig Sekunden ausgebaut. Obwohl er es jetzt nicht mehr mit Vollgas anging, konnte er den Vorsprung noch weiter ausbauen und entschied sich zu einem Tankstop, obwohl der nicht zwingend erforderlich gewesen wäre und zwei Gefahren mit sich brachte: Zeitverlust und die bange Frage, ob seine BMW ohne Probleme wieder anspringen würde. Beides gelang so hervorragend, dass die englischen Zeitungen später schrieben: »Auch beim Nachtanken war Meier der Schnellste.«

Nach dem Stop brauchte er kein Telefon mehr, am Winken und Klatschen der Zuschauer erkannte er, dass er vorn liegt und siegen wird. Mit einer Durchschnittsgeschwindigkeit von 144 km/h war Schorsch Meier der erste Ausländer, der mit einer ausländischen Maschine in der 500er-Klasse auf der Isle of Man gewann.

Es war das letzte Inselrennen vor dem Krieg, erst 1947 ging es mit dem härtesten, gefährlichsten und schönsten Rennen der Welt weiter. Meier konnte nach dem Krieg an seine Erfolge anknüpfen und gewann von 1947 bis 1950 die Deutschen Meisterschaften in Serie, ein letztes Mal 1953.

Nach Beendigung seiner Karriere kümmerte sich der Sportler des Jahres 1949 um seinen Kfz-Betrieb in München. 1989, zum fünfzigsten Jubiläum seines wunderbaren Triumphs, fuhr der damals knapp Achtzigjährige noch einmal auf der Isle of Man, natürlich auf BMW, natürlich mit der Startnummer 49. Am Rande des Nostalgie-Rennens und bis zu seinem Tod 1999 erzählte er immer wieder gern die Geschichte vom Telefon und vom weißen L.

Weil »Live fast, die young« nicht immer stimmt

Wer schneller fährt, ist schneller tot, lautet eine alte Binsenweisheit. Aber jede Regel kennt auch ihre Ausnahmen. So eine Ausnahme ist Ernst Henne, der als einer der schnellsten Menschen der Welt 101 Jahre alt wurde. Also ließ er nicht nur auf zahllosen Rennstrecken, sondern auch im Leben die meisten hinter sich.

Henne wird 1904 im Allgäu geboren und wächst als Vollwaise bei einer Bauernfamilie auf. Mit 15 Jahren beginnt er eine Lehre zum Kraftfahrzeugmechaniker und macht in Ravensburg den Motorrad-Führerschein. Sein Prüfer gibt ihm noch einen Rat mit auf den Weg: Im Langsamfahren liegt die Kunst!

Henne ist noch keine zwanzig, als er sich als Zweiradmechaniker in München selbstständig macht. Mit seiner Frau baut er das Unternehmen aus und beschäftigt schließlich 500 Angestellte. 1923 ist er Besucher eines Sandbahnrennens in Mühldorf am Inn, als er sich spontan auf die Megola eines Freundes setzt, am Rennen teilnimmt und mit diesem einmaligen Motorrad, dessen Fünfzylinder-Motor im Vorderrad seinen Platz hat, den dritten Platz belegt.

Erster wird der schnelle Henne, wie er schon früh genannt wird, im Juni 1925 beim Burrenwald-Bergrennen auf einer 350er Astra. Nach weiteren Erfolgen wird BMW bei einem Rennen in Monza auf den ungewöhnlich talentierten Fahrer aufmerksam und verpflichtet ihn 1926 als Werksfahrer. Die Zusammenarbeit beginnt unglücklich, denn Henne bleibt mit einer Moto Guzzi an einem Telegrafenmast hängen, als er privat unterwegs ist, bricht sich den Schädel und fällt ins Koma. Besonders eifrige Zeitungen veröffentlichen bereits einen Nachruf. Doch Henne wacht wieder auf und verlässt gegen ausdrücklichen ärztlichen Rat das Krankenhaus. Bei der Heimfahrt mit einem Pferdewagen scheut das Pferd, der Wagen kippt und Henne fällt erneut auf den schwerst lädierten Kopf. Wieder erwacht er im Krankenhaus. »Immer wenn ich erwachte und weiße Kittel und Heiligenbilder an den Wänden sah, wusste ich, dass wieder etwas sein musste«, erzählt er später.

Doch Henne war ein wilder Hund, wie er selbst sagte, und gehörte in den nächsten Jahren zu den besten und erfolgreichsten deutschen Motorradrennfahrern auf der Straße und im Gelände. 1926 war er Deutscher Meister in der 500-ccm-Klasse, 1927 Deutscher Meister in der 750-ccm-Klasse, 1928 Champion der Targa Florio auf Sizilien. Von 1933 bis 1935 siegte unter seiner Führung die deutsche Nationalmannschaft bei den Internationalen Sechstagefahrten.

Zwischendurch fuhr Henne Rennwagen, steuerte Flugzeuge und nutzte die Gelegenheiten, die ihm BMW bot, für neue Weltrekorde. Den ersten Geschwindigkeits-Weltrekord stellte er im September 1929 auf einer 750-ccm-BMW auf. Auf einem geraden Stück Landstraße bei München, schmal und von Bäumen und zahlreichen Zuschauern gesäumt, die sich hinlegen mussten, um den Rekordfahrer nicht zu irritieren, fuhr Henne 216,7 km/h. In einem Grußwort anlässlich seines hundertsten Geburtstages erinnerte Henne noch einmal daran, was diese Geschwindigkeit, die heute Serienmotorräder spielend schaffen, für diese Zeit und ihre Technik bedeutete. Dass die ungeheure Belastung der Reifen, der Aufhängungen und Motoren eine ganz neue Herausforderung für die Techniker darstellte. Dass es deshalb viele missglückte Versuche gab und er dabei viele Freunde und geschätzte Konkurrenten auf der Strecke verloren habe. Bis 1937 folgten insgesamt 76 Geschwindigkeits-Weltrekorde, der letzte am 28. November 1937, als er auf einer vollverkleideten Kompressor-BMW fuhr. Erst 1951 war mit Wilhelm Herz ein anderer Fahrer schneller. Nach seinem letzten Weltrekord zog sich Henne vom aktiven Motorsport zurück und genoss es, mit den Großen seiner Zeit wie Max Schmeling oder Gottfried von Cramm in einem Atemzug genannt zu werden.

Weil man weitermachen soll, wenn's am schönsten ist

Wenn man nur früh genug aufs Motorrad steigt, stellen sich die Erfolge fast von allein ein. Das Paradebeispiel dafür ist der fünffache Weltmeister Toni Mang. Bereits mit elf Jahren bekommt er sein erstes Motorrad, eine DKW RD 125, und schon mit 16 Jahren wird er Deutscher Meister und Junioren-Europameister – im Skibobfahren. Und wo ist da der Zusammenhang? Im unbändigen Ehrgeiz, mit dem Toni alles angeht, was er anpackt. Den Grund dafür sieht er im frühen Tod seines Vaters, der einen Individualisten und Kämpfer aus ihm gemacht hätte. Skibobrennen und Motorradrennen sind Einzelsportarten – darin liegt der Zusammenhang.

Mit 17 fährt er mit einer 50er Kreidler erste Straßenrennen, bevor er sich dem damals amtierenden 125-ccm-Weltmeister Dieter Braun als Rennmechaniker anschließt. Von Braun will Mang nicht nur fahren lernen, sondern er spekuliert auch auf internationale Startgenehmigungen, zu denen Braun ihm verhelfen kann. Nebenher bastelt er mit den Mechaniker-Kollegen Sepp Schlögl und Alfons Zender an einem eigenen Motorrad: Der Eigenbau Schlögl-Mang-Zender wird kurz SMZ 250 getauft und fährt auf Anhieb einen Sieg beim Flugplatzrennen in Augsburg ein. Weitere Siege auf verschiedenen Maschinen und in diversen Klassen folgen, dann ist er bei der Elite des Motorradrennsports angekommen: 1980 wird er Weltmeister in der 250-ccm-Klasse und Vize in der 350-ccm-Klasse. Im Jahr darauf wird er gar Weltmeister in beiden Klassen und zum Sportler des Jahres 1981 gewählt.

Es sind die goldenen Jahre des motorisierten Zweirads in Deutschland und es geht ebenso golden weiter. 1982 wird er der ewige Weltmeister in der 350-ccm-Klasse, denn es war das letzte Mal, dass Rennen in dieser Klasse ausgetragen wurden. Neue Herausforderungen warten bereits: Mang startet 1983 in der Königsklasse und wird zunächst durch einen schweren Unfall zurückgeworfen. Verunglückt ist er auch noch bei einem anderen Sport – nämlich beim Skifahren.

Es folgen Jahre mit mäßigen Erfolgen und einer unerwarteten Personalie: Mang trennt sich von Sepp Schlögl, der nicht nur sein Chef-Techniker war, sondern auch ein Freund seit Kindertagen. Offenbar ist es aber ein Befreiungsschlag, denn in der anschließenden Saison gewinnt Mang acht Rennen in Serie und wird zum fünften Mal Weltmeister. Mang geht damals auf die vierzig zu, denkt aber lieber an weitere Podestplätze als ans Aufhören. Dann stürzt er 1988 in Jugoslawien schwer und orientiert sich neu.

Eine Karriere als Gründer und Chef eines eigenen Teams scheitert an fehlenden Sponsoren, also am Geld. Doch es gibt eine andere Art von Reichtum, auf die sich Mang besinnt: seinen Erfahrungsschatz. Seine Fahrertrainings sind seit den frühen 1990ern gut gebucht, dort lernen junge Leute bei einem Fünffach-Weltmeister richtig zu sitzen, Ideallinien zu finden, aus Kurven heraus zu beschleunigen.

Mang ist nicht nur Rennfahrer durch und durch, er ist und bleibt auch lebenslänglich ein begnadeter Tüftler, sogar auf den abseitigsten Gebieten. So erfindet er Knopfschoner für teure Hirschhornknöpfe, wie sie besonders in seiner bayrischen Heimat an Trachten- und Lodengarderobe gern getragen werden. Das sind Kappen, die den kostbaren Knöpfen übergestülpt werden, wenn Mantel oder Janker in die Reinigung müssen. 2002 stellt er auf der »Entsorga«, der Weltmesse für Wasser-, Abwasser-, Abfall- und Rohstoffwirtschaft, ein selbst entwickeltes elektronisches Kanalprüfgerät vor. Im Jahr zuvor war er in die Motorrad-Hall of Fame aufgenommen worden, eine Ehrung für das, was er zweifellos am besten kann.

Weil es in der Familie bleibt

Fast zwei Jahrzehnte mussten die Fans auf einen deutschen Motorradweltmeister warten. 1993 war es zuletzt Dirk Raudies gelungen, in der 125-ccm-Klasse eine Weltmeisterschaft zu gewinnen. Dann folgten lange Jahre des Darbens, bis am 6. November 2011 endlich wieder ein Fahrer mit einem bundesdeutschen Personalausweis den Pott holte: Stefan Bradl, zu diesem Zeitpunkt 21 Jahre alt und die Hoffnung der kommenden Jahre.

Der Kalex-Pilot aus Zahling hat das Zeug, nicht nur einmal Weltmeister zu werden und auch nicht nur in der noch taufrischen Klasse Moto2, deren zweiter Weltmeister er seit Bestehen ist, sondern auch in der Königsklasse MotoGP. Keiner kann besser als Altmeister Toni Mang die Qualitäten Bradls aufzählen: Beständigkeit und Ausdauer, gleichmäßig gute Rundenzeiten, kaum Fehler, damit wenig Angriffsmöglichkeiten, sehr gut im Einschätzen der Risiken und gut im Kampf um die besten Startplätze. Nur eine Tugend gäbe es, die der junge Mann noch ausbauen könnte: eine gewisse Kompromisslosigkeit in den letzten Runden.

Bradls Berater heißt Bradl. Vater Helmut aber ist keine Eiskunstlaufmutti, die ihre ungelebten Träume im Spross verwirklicht sehen möchte. Der Papa war schließlich selbst keiner der schlechtesten Fahrer. Von 1986 bis 1993 startete Helmut Bradl auf Honda, seinen größten Erfolg feierte er 1991, als er fünf Grand Prix gewann und Vizeweltmeister in der 250-ccm-Klasse wurde, Vorläuferin von Moto2, in der sein Sohn nun an ihm vorbeifuhr. Von Neid oder Missgunst keine Spur! Der Weltmeister-Titel sei einfach nur »megageil«, wie der Alte es jugendlich formulierte. »Es bleibt ja in der Familie. Was ich nicht geschafft habe, hat halt der Kleine gemacht.« Helmut Bradl sah zwanzig Jahre nach seiner eigenen Vizeweltmeisterschaft viele Bilder vor dem inneren Auge vorbeirauschen, bestimmt auch das des vierjährigen Sohnes, der auf einer kleinen Honda mit zweieinhalb PS erste Fahrversuche unternahm.

Ganz so enthemmt wie der Vater wollte sich Stefan im ersten Moment nicht freuen. Als ehrgeiziger Sportler hätte er lieber auf der Strecke beim letzten WM-Rennen brilliert. Doch er stand bereits am Vorabend des Starts in Sevilla als Weltmeister fest, weil sein ärgster Rivale Marc Márquez nicht antreten konnte. Nach Bradls fulminantem Start in die Moto2-Saison hatte Márquez den Abstand Punkt um Punkt verringert. Am Ende hatte Marquez sogar die Chance, die Weltmeisterschaft noch für sich zu entscheiden, wenn er nicht im Training gestürzt wäre und mit Sehstörungen zu kämpfen gehabt hätte. Damit haderte Bradl fast so sehr wie der Spanier selbst.

Bradl ist mit sich oft unzufrieden. 2007 war der damals 17-Jährige so unglücklich mit dem Verlauf seiner Karriere, dass er frustriert seinen Helm in die Ecke pfefferte und den Rückzug vom Motorsport ankündigte. Sein Vater musste ihn behutsam wieder aufbauen. Aufbauend wirkte nach der gewonnenen Weltmeisterschaft aber auch die Gratulation eines ganz Großen: von Superstar Valentino Rossi, der schon mal voraussagte, dass das für Stefan Bradl nicht der letzte Weltmeistertitel gewesen sei. Denn Bradl habe ähnliche Qualitäten wie ein anderer deutscher Weltmeister zur selben Zeit: Sebastian Vettel, der übrigens ein alter Kumpel von Stefan Bradl ist.

Weil wir Dreifachweltmeister waren

Wenn ein Motorradrennfahrer stirbt, der noch keine dreißig Jahre alt ist, vermutet man reflexartig einen Motorradunfall. Doch Werner Haas, der erste deutsche Motorradweltmeister, kam 1956 bei einem Flugzeugabsturz mit seiner eigenen kleinen einsitzigen Maschine in Neuburg an der Donau ums Leben. Zu diesem Zeitpunkt hatte Haas drei Weltmeisterschaften überlegen gewonnen. 1953 wurde er Doppelweltmeister in der 125er- und in der 250er-Klasse und 1954 wurde er erneut Weltmeister in der 250er-Klasse.

Dabei war der motorbegeisterte Sohn eines Schaffners auf Umwegen zum Rennsport gekommen. Zunächst absolvierte er eine Ausbildung zum Automechaniker im Fuhrpark der Post, bevor er eine Stelle bei den amerikanischen Streitkräften in Bayern antrat. In seiner Freizeit nahm er mit einer alten NSU 500SS an Rennen im bayrischen Raum teil. Diese Maschine, nach dem englischen Fahrer Tom Bullus auch NSU Bullus genannt, tauschte er wenig später gegen eine 125er Ardie, die ihm ein Händler als Gönner und Förderer zur Verfügung stellte. Dieser Händler vermittelte den talentierten Haas dann auch als Werksfahrer zu den Ardie-Werken nach Nürnberg.

Als Haas 1952 beim Feldbergrennen startet, wird die Rennleitung von NSU auf ihn aufmerksam, sei es, weil er als Viertplatzierter nach drei NSU-Maschinen ins Ziel kommt, sei es, weil der Rahmen seines Motorrads ein beeindruckender Eigenbau ist. Seine Chance bekommt Haas noch im Sommer 1952 beim Solitude-Rennen. Nachdem die zwei Werksfahrer Roberto Colombo und Wilhelm Hofmann beim Training gestürzt waren, darf sich Haas auf die Rennfox setzen und für NSU an den Start gehen. Als er nach sensationellem Start als Erster durchs Ziel kommt, ist es bereits beschlossene Sache, ihm einen Vertrag als Werksfahrer zu geben.

In der WM-Saison 1953 ist Haas kaum zu schlagen, weder auf der Rennfox in der 125-ccm-Klasse noch auf der Rennmax in der 250-ccm-Klasse. Überlegen wird er Weltmeister in beiden Klassen und aus diesem guten Grund zum deutschen Sportler des Jahres gewählt. Eine Ehre, die nicht allzu vielen Motorradrennfahrern zuteil wurde. Genau genommen nur dreien: Vor Haas konnte sich 1949 Georg Meier und nach Haas 1981 Toni Mang darüber freuen.

1954 holt Haas erneut die Weltmeisterschaft in der 250er-Klasse, während er in der 125er-Klasse dem Werkskollegen Ruprecht Hollaus den Titel überlassen muss.

Eine tragische Fußnote: Der Österreicher Hollaus stand bereits uneinholbar als Weltmeister fest, als er in der noch laufenden Saison beim Training in Monza tödlich verunglückte. Ob dies der Grund für NSU war, sich vom Motorradrennsport zu verabschieden, oder aber die Entscheidung des Verbands FIM, ab 1955 keine Markenweltmeisterschaften mehr zu vergeben, darüber kann nur spekuliert werden.

Werner Haas jedenfalls fuhr wie auch sein Bruder Otto noch ein Jahr lang Geländerennen mit einer NSU Geländemax, dann zog er sich vom Motorradsport zurück und verdiente sein Geld als Inhaber einer Tankstelle. Die Faszination der Motoren ließ ihn aber nicht los: Aus zwei Unfallwagen bastelte er sich einen 300 SL mit Flügeltüren, mit dem er Ralleys fuhr. Und nach dem Erwerb der Privatpilotenlizenz drehte er seine Runden am Himmel – bis zum 13. November 1956, als er nach Arbeiten am Motor seines Einsitzers in der Dämmerung noch eine Platzrunde drehen wollte und bei der Landung abschmierte und starb. Aber wer mit wachen Augen durch Neckarsulm, Stuttgart, Heilbronn oder Augsburg geht, der trifft auf Werner Haas – in Straßen, die seinen großen Namen tragen.

Weil das Glück Herrn Rossi sucht

Mit Rossi könne sich keiner vergleichen, das steht auch für Moto2-Weltmeister Stefan Bradl unverrückbar fest. Bradl nennt auch den Grund dafür und verrät damit gewissermaßen das große Geheimnis von Valentino Rossi: »Der hat ein verdammt gutes Gefühl im Arsch, der ist eins mit dem Motorrad.«

Rossi sucht das Glück nicht, er hat's auch nicht gepachtet. Er hat es erzwungen durch die perfekte Mischung von Talent, Training, Ehrgeiz und den richtigen Maschinen zur rechten Zeit. Selbst Konkurrenten, die ihn nicht wirklich lieben, erkennen nicht nur sein Können an, sondern auch sein Verdienst um die gesamte Szene, deren Star er ist. Er brachte sie dorthin, wo die Fernsehkameras laufen, Zuschauer zu Hunderttausenden jubeln und das große Geld bewegt wird. Rossi verdient jährlich einen zweistelligen Millionenbetrag, doch auch seine Konkurrenten werden ihre Bezüge verbessert haben, weil dank des neunfachen Weltmeisters ganz andere Werbegelder in den MotoGP fließen. Selbst wenn er stürzt, so wie im Sommer 2010, ist das eine Show, denn vor aller Augen versucht er sofort wieder aufzustehen. Wenn ihm das nicht gelingt, weil er einen doppelten offenen Schienbeinbruch erlitten hat, ist er trotzdem wenige Wochen später wieder auf der Strecke, obwohl kaum in der Lage, ohne Hilfe zum Motorrad zu gehen, und mit einem 200 Gramm schweren Titannagel im Bein. Sobald er sich aber auf sein Motorrad gehievt hat, bewegt er sich scheinbar in der Schwerelosigkeit.

1996 gab der Italiener sein WM-Debüt, seither hat er nahezu jeden zweiten Grand Prix als Erster beendet. »Mozart« nennen ihn seine vielen Fans, und »Vale«, »Valentinik«, »Rossifumi« oder schlicht »The GOAT – The Greatest of all Times. »Dottore«

war auch lange Zeit ein Spitzname des präzisen Piloten, inzwischen darf er den Titel aber wirklich führen – die Universität Urbino verlieh ihm einen Ehrendoktor für Kommunikation. Das passt: Erst durch die richtige Kommunikation verbreiten sich Erfolgsgeschichten. So signalisieren bereits seine Helme, dass er nicht nur dabei sein möchte. Der Fahrer mit der Dauerstartnummer 46, der sich als Teenager ein Moped zulegte, um Mädels klarzumachen, lässt sich sein Konterfei auf den Kopfschmuck lackieren oder grinsende Dämonen, Eselsköpfe oder Narren.

Die Italiener lieben ihn dafür und für den Mittelfinger, den er bei Überholmanövern seinen Gegnern zeigt oder auch dem italienischen Fiskus, indem er behauptete, in einer 45-Quadratmeter-Bude in London zu leben. Er wohnt aber, auch für die Steuerbehörden gut sichtbar, mit Mutti in einer fetten Villa in seinem italienischen Heimatstädtchen Tavullia und musste für den Steuerschwindel ordentlich zahlen. Dafür hat er sich auf ganz besondere Weise mit Italien versöhnt. Er ist von Yamaha zu Ducati gewechselt. Mehr Liebe zu Bella Italia lässt sich doch gar nicht kommunizieren.

Weil man auch am Boden fliegen kann

Am Ende hatte er es geschafft und konnte zufrieden einschlafen. Ein Jahr vor seinem Tod im Dezember 2002 hatte Don Vesco sein Lebensziel erreicht, einen neuen Geschwindigkeitsweltrekord mit einem motorengetriebenen Fahrzeug aufzustellen. Nichts anderes hatte er vor Augen, seit er als Kind seinen Vater als Hobbyfahrer rund um San Diego mit einem getunten Ford T Rennen fahren sah. Das Fahren am technischen und menschlichen Limit wurde auch für Don Vesco zur Sucht und schon als halbes Kind schnappte er sich Motorroller und verwandelte die behäbigen Geräte in Geschosse.

Sobald er Rennen fahren durfte, fuhr er Rennen – zunächst auf einer Werks-Honda RC 161, die ihm die Japaner gestellt hatten, die sich gerade anschickten, den amerikanischen Motorradmarkt aufzumischen, und in dem jungen und schnellen Vesco einen prima Werbeträger sahen. Doch den Motorrad-Grand-Prix von Daytona gewann er 1963 auf einer Yamaha. Mit der RD56 mit 250-ccm-Motor siegte Vesco in der 500-ccm-Klasse. Spätestens jetzt kannte ihn jeder in der Szene. Doch das alles war ihm noch nicht genug. Besser gesagt: nicht schnell genug. Er wollte an die Grenzen gehen und von dort noch einen Schritt weiter. Das gelang ihm mit japanischen Fabrikaten, deren Motoren er in neue Bereiche tunte. Mit dem einen Ziel: den Land Speed Record für Motorräder zu brechen.

1970 schaffte er auf seiner Silver Bird mit zwei Yamaha-Motoren mit je 350 ccm den Weltrekord mit einer Geschwindigkeit von über 250 mph. 1975 knackte er die 300-Miles-Marke. Diesmal wurde seine Silver Bird von zwei Yamaha-TZ750-Motoren angetrieben. 1978 brach er den eigenen Rekord mit der turbogetriebenen Kawasaki Lightning: 318 mph, 513 km/h – ein Rekord, der die nächsten zwölf Jahre halten sollte.

Diejenigen, die später noch schneller waren als er, setzten Jet-Triebwerke ein, so ließen sich dann auch 967 km/h erreichen, quasi mit einem Düsenflugzeug, das nicht abhob. Don Vesco aber, der sich auch durch Rückschläge nicht von seinem Weg abbringen ließ – 1996 verlor er als Zuschauer eines Sprint-car-Rennens ein Auge –, wollte unbedingt mit den Mitteln und Möglichkeiten des Motors zu neuen Rekorden gelangen, auch wenn er dabei Hubschrauberturbinen verbaute. So wie in dem dann vierrädrigen Gefährt, mit dem er am 18. Oktober 2001 auf einem Salzsee bei Bonneville auf einer Strecke von zwei Kilometern 739,41 km/h fuhr – einen Kilometer mit seinem »Turbinator« in die eine Richtung, dann in Gegenrichtung zurück.

Als Don Vesco am 16. Dezember 2002 in San Diego an Krebs starb, lagen in einem verdammt schnellen Leben 18 Rekorde für Motorräder und sechs für Automobile hinter ihm.

weil es keinen stau gibt

Staus sind ein Phänomen, das annähernd so viele Rätsel auf-
wirft wie der Urknall. Na ja, vielleicht ein oder zwei weniger.
Zu bestimmten Zeiten – Ferienbeginn, Ferienende, Feierabend,
Wochenende – versammeln sich auf den Bundesautobahnen
manchmal locker Fahrzeuge auf 400 Staukilometern. Darunter
gibt es regelmäßig Staus, die eigentlich gar nicht nötig wären.
Sie haben zumindest keine physische Ursache wie eine Bau-
stelle oder einen Unfall oder ein Autobahnkreuz, sondern sie
entstehen durch Verkehrsteilnehmer, die plötzlich und unvermittelt abbremsen, weil sie etwas in der Landschaft entdeckt
haben, vom nervösen Beifahrer irritiert werden oder weil sie die
Robbie-Williams-CD im Handschuhfach suchen. Diese plötzliche
Verlangsamung veranlasst jeden nachfolgenden Fahrer, ebenfalls
auf die Bremsen zu gehen – manchmal zu spät, zu langsam und
oft zu heftig. Dadurch wird ein kleines Bremsmanöver des Vor-
dermanns durch das nachfolgende Fahrzeug und dann durch
alle weiteren verstärkt. Die Stauforschung war in der Lage, das
Tempo zu berechnen, in dem sich der Stau nach hinten fortsetzt:
Exakt mit 15 km/h läuft die Stauwelle rückwärts und erwischt
jeden, wenn der Abstand zwischen den Fahrzeugen nicht aus-
reicht, das eigene Tempo annähernd konstant zu halten.

Einen erwischt es aber nicht: denjenigen, der den Stau durch
seinen Tritt auf die Bremse ausgelöst hat. Dem geht's wie jenem,
der eine Schneelawine lostritt und nur in den seltensten Fällen
selbst von dieser überrollt wird. Der Stau käme nicht zustande,
wenn alle Autofahrer zeitgleich mit dem Vordermann abbremsen
und dann wieder synchron beschleunigen würden. So gäbe es
keinen einzigen Stau mehr. Selbst Bau- und Unfallstellen wären

lässig und ohne Stillstand zu passieren, hielten sich alle Fahrer an eine Geschwindigkeit. Weil sich die Psychen der Fahrer aber nicht synchronisieren lassen, basteln Stauforscher bereits an intelligenten technischen Lösungen. Die Stichworte heißen: automatische Abstandhalter, wie sie bereits in Limousinen Standard sind, oder TMC – Travel Message Chanel.

Für die meisten ist das aber noch keine Realität, so bleiben bis auf Weiteres nur zwei realistische Möglichkeiten, dem Stau zu entgehen: Das Auto bleibt in der Garage und es wird auf Bus oder Bahn umgestiegen. Oder: Motorrad kaufen und los! Ein zünftiger Stau macht vor keiner Autobahnspur halt und genau zwischen zwei Spuren verläuft die Gasse für den Biker, der Mut zur Lücke hat. Viel Platz links und rechts ist selten vorhanden und immer wieder stößt ein Autofahrer in die Lücke – sei es, um zu schauen, ob wirklich noch dreißig Kilometer Stau vor ihm liegen, so wie es gerade im Verkehrsfunk verkündet wurde, oder weil im Rückspiegel ein nahendes Motorrad gesichtet wurde. Diese Autofahrer lernt jeder Biker kennen. Es sind Kandidaten, die eine Staupflicht für alle verhängen wollen und als Hausmeister der Autobahn die Tür zumachen. Wenn ich im Stau stehe, denken sie, soll es anderen auch nicht besser gehen! Doch mit ein, zwei Manövern lässt sich dieses Hindernis aus ignoranten Trotteln am Lenkrad meistens locker passieren, auch weil genügend andere Fahrer gern großzügig Platz machen.

So kommt man meist zwar nur im zweiten oder dritten Gang vorwärts, aber es geht immerhin weiter. Freilich nur im Traum des Bikers, denn natürlich ist das ja gar nicht erlaubt. Wer durch die Mitte fährt, überholt die Autos zur Linken, und rechts überholen ist nach § 5 Abs. 1 StVO grundsätzlich unzulässig. Also, liebe Kinder, liebe Biker, niemals nachmachen, was eben beschrieben wurde!

only the good
die young

Ich hatte ein Dutzend Unfälle, acht Knochenbrüche, lag nach einem Crash drei Tage im Koma und konnte mich fünf Monate nicht bewegen. Frauen wagen normalerweise nicht so viel, weil sie an die Zukunft denken. Männer setzen sich auf ihren Ofen und sagen: hopp oder topp.

KATJA POENSGEN

Weil Risiko mehr Spaß macht als Langeweile

Hat nicht schon der Großvater von der Rallye Paris–Dakar als einer Art Stahlgewitter für Mann und Material erzählt? Bestimmt nicht, denn dafür ist die weltberühmte Rallye schlicht zu jung. Am zweiten Weihnachtstag des Jahres 1978 wurde erstmals in Paris gestartet, am 14. Januar 1979 kam ein Teil der Fahrer im senegalesischen Dakar an. Von Anbeginn an einer der drei Pfeiler neben Autos und Trucks sind Motorräder. Der Erfinder der Rallye war Thierry Sabine, der mit seinem Motorrad ein Jahr zuvor an der Rallye Abidjan–Nizza teilgenommen, sich dabei in der Wüste Libyens verirrt hatte und mehrere Tage verschollen blieb. Für viele wäre diese Grenzerfahrung ein Anlass gewesen, innezuhalten und zu sagen: Ein weicher Drehstuhl in einem klimatisierten Büro ist eigentlich auch ganz schön. Nicht so Thierry Sabine, bei ihm hieß es: Wenn dich das Leben langweilt, riskiere es! Er stellte seine eigene Rallye auf die Beine, die seither in schöner Regelmäßigkeit ihre Helden hervorbringt. Männer wie Stéphane Peterhansel, der in den 1990ern mit seiner Yamaha sechsmal als Erster das Ziel erreichte, um dann im neuen Jahrtausend das Autorennen zu dominieren. Und Frauen wie Jutta Kleinschmidt – die deutsche Pilotin war 2001 die erste Frau, die die Rallye gewann.

Ein gegen sich und andere rücksichtsloser Draufgänger war der Franzose Thierry Sabine, der als Porschefahrer in den 1970ern zweimal in Le Mans gestartet war, trotz seines kernigen Spruchs vom Umgang mit dem langweiligen Leben, nicht. Neben der Rallye Paris–Dakar gründete er auch ein Krankenhaus in der Hauptstadt des Senegals. Sein soziales Engagement ändert aber nichts an der Meinung der Kritiker, die eine Abschaffung des

Rennens fordern, das sie für ökologischen Unfug halten, für eine Verachtung der afrikanischen Kultur und für ein mörderisches Amüsement.

Mehr als sechzig Tote zählt die Rallye, die 2008 nach Terrordrohungen abgesagt werden musste und als Rallye Dakar bis auf Weiteres durch Südamerika kreuzt. Unter diesen sind viele Motorradsportler wie Fabrizio Meoni. Der Sieger von 2001 und 2002 verunglückte 2005 tödlich. Gleich zum Auftakt der Rallye 2012 starb am Neujahrsmorgen der argentinische Motorradpilot Jorge Martínez Boero an den Folgen eines Sturzes. Häufiger noch trifft es Menschen am Rande der Strecke – meist Kinder –, was immer wieder zu wütenden Protesten führt, die auch in einem Chanson des Sängers Renaud ihren Ausdruck finden: *500 connards sur la ligne de départ* – 500 Vollidioten auf der Startlinie.

Auf der langen Totenliste findet sich auch Thierry Sabine selbst, der Gründer der Dakar. Er starb 1986 mit 36 Jahren während der Rallye bei einem Hubschrauberabsturz. An ihn erinnert am Unfallort mitten in der Wüste von Mali ein Hügel, auf dem ein kleiner Baum wächst – der Arbre Thierry Sabine. Sein Wahlspruch ist dort aber nicht zu finden. Den muss man sich unter dem ausgedörrten Bäumchen denken.

Weil Kluge überall gewinnen

Ein schönerer Titel als Meister der Meister ist kaum vorstellbar. Das wurde Ewald Kluge gleich zweimal – 1938 und 1939 –, weil er da nicht nur die Europameisterschaft gewann, sondern auch noch bei den meisten Wertungsläufen die maximale Punktzahl erzielte. Und das mit seiner DKW, denn Kluge und die Marke aus Zschopau waren eine untrennbare Einheit. Nur am Anfang seiner Karriere fuhr der 1909 Geborene eine andere Marke, eine englische Dunelt. Doch bereits nach einem Jahr stieg er auf DKW um und erst 1953, nach mehr als zwei Jahrzehnten, wieder ab. Anfang der 1930er hat sich Kluge als jüngster Taxifahrer Dresdens das Geld für den Motorsport verdient. 1934 heuerte er als Monteur bei DKW an und damit war er Teil dieser Marke geworden. 1936 bekam er einen Vertrag als Werksfahrer und bedankte sich umgehend mit dem Gewinn der Deutschen Meisterschaft in der 250-ccm-Klasse. Den Meistertitel gab er bis 1939 nicht mehr ab. Zwischendurch holte er sich mit der 250er auch noch die Deutsche Berg-Meisterschaft, als er schneller als alle anderen den Großglockner bezwang. Dabei waren viele Konkurrenten mit mehr Kubik unterwegs.

Auch die Australier staunten nicht schlecht, als 1937 der Sachse mit der DKW down under auftauchte und jedes Rennen gewann, bei dem er startete. Langsam gestaltete sich nur die Anreise: Kluge schipperte mit einem Kohlendampfer nach Australien. Zurück in Europa, startete er im Jahr darauf bei der Isle of Man Tourist Trophy. Sieger wurde 1938 beim schwierigsten Motorradrennen der Welt – na klar – Ewald Kluge, als erster deutscher Fahrer überhaupt, mit einer Durchschnittsgeschwindigkeit von 126 km/h. Als würde ihn das alles nicht auslasten, nahm er zusätzlich an Geländeprüfungen teil. 1935 gewann er mit dem DKW-Team die Silbervase bei der Internationalen Sechstagefahrt in Oberstdorf.

1938 veranstaltete die Rennwagenabteilung der Auto Union Nachwuchsprüfungen auf dem Nürburgring. Kluge konnte auch mit dem Lenkrad gut umgehen und hätte gern zusätzlich noch eine internationale Rennautolaufbahn gestartet. Doch mit dem Zweiten Weltkrieg kam ihm ein anderes internationales Großereignis dazwischen. Kluge landete in der Schule für Heeresmotorisierung, dann holte ihn die Auto Union in die Versuchsabteilung, wo er bis Kriegsende tätig war.

Wie den meisten deutschen Motorsportlern in dieser Zeit hatte man ihm nahegelegt, dem NSKK, dem Nationalsozialistischen Kraftfahrtkorps, beizutreten. Das nahm einer, der Kluge offenbar nicht mochte, zum Anlass, ihn nach dem Krieg als Nazigröße bei den Sowjets zu denunzieren. Die Folge: Gefängnis und drei Jahre in einem russischen Internierungslager.

Aus der Haft entlassen, zog Kluge nach Ingolstadt und fand – natürlich bei DKW – Anschluss an die Rennsportszene. Mit den alten Ladepumpen-Maschinen war aber nicht einmal mehr ein Nachttopf zu gewinnen. Erst mit der neu entwickelten 350er mit drei Zylindern, die wegen der irren Drehzahl von über 10.000 U/min »Singende Säge« genannt wurde, konnte Kluge wieder auf das inzwischen von italienischen Fabrikaten beherrschte Feld aufschließen. Von München bis Casablanca fuhr er wieder Siege ein.

Auch beim komplett verregneten Eifelrennen 1953 auf der Nordschleife des Nürburgrings lag er bereits an zweiter Stelle, als er schwer stürzte und sich einen komplizierten Oberschenkelbruch zuzog. Das war's für den damals 44-jährigen Ausnahmesportler, der mehr als zwei Jahrzehnte lang konsequent vorn mitgefahren war. Die Auto Union beschäftigte ihn nach seiner Rekonvaleszenz in der Öffentlichkeitsarbeit. Die beste PR war er selbst. Bei welchem Rennen auch immer er als Gast auftauchte, brandete Jubel auf. Zuletzt im Sommer 1964 beim Roßfeld-Bergrennen in Berchtesgaden. Nur wenige Wochen später starb er an Krebs, der Meister der Meister blieb er aber.

Weil außergewöhnliche Frauen am Start sind

Das Leben von Inge Stoll war kurz und ungewöhnlich. Während des Zweiten Weltkriegs konnte man auf Frauen nicht verzichten – weder in den Waffenfabriken noch auf dem Steuerstand einer Straßenbahn oder als Helferin an der Flak. Doch kaum war der Krieg zu Ende, fiel den Herrschaften in Politik, Wirtschaft und Kirche wieder ein, dass Frauen ja eigentlich viel lieber backen und waschen, Kinder in die Welt pressen und ansonsten ihrem Gatten allmorgendlich mit Liebe und Hingabe Thermoskanne und Brotdose füllen. So war Inge Stoll bestimmt nicht, die als 17-Jährige ihre Laufbahn als Gespannfahrerin begann und zu einer der Besten in diesem Sport wurde.

Es gab im konservativ gestimmten Nachkriegsdeutschland nur zwei Möglichkeiten für ein junges Mädchen, eine solche Laufbahn einzuschlagen: gegen die Eltern oder mit den Eltern. Inge, die 1930 im Rheinland geboren wurde, hatte keinen Widerstand zu befürchten: Ihre Eltern waren selbst begeisterte Gespannfahrer, wenn auch nur mit mäßigem Rennerfolg.

1947 stieg Inge zu ihrem Vater in den Beiwagen, zunächst war sie aber auch nicht besonders erfolgreich. Das änderte sich, als sie mit einem anderen Fahrer fuhr – mit Jacques Drion, mit dem sie ab 1952 an sieben Weltmeisterschaften teilnahm. Auch das war für diese Zeit ungewöhnlich: ein deutsch-französisches Gespann, ein Team aus zwei Nationen, die eben noch erbitterte Feinde waren. Noch eine weitere Leistung macht Inge Stoll unsterblich: 1952 war sie die erste Frau, die an der Isle of Man Tourist Trophy teilnahm. Sie beendete das Rennen an der Seite von Drion im Norton-Gespann als Fünfte.

1958 wollte Inge Stoll ihre Karriere beenden und sich mit möglichst vielen Erfolgen vom Rennsport verabschieden. Tatsächlich ging's gut los: Im Mai gewannen Stoll und Drion den Großen Preis von Finnland, weitere Siege in Frankreich schlossen sich an. Am 24. August 1958 startete das Gespann beim tschechischen Grand Prix in Brno und fuhr ein weiteres Mal um den Sieg mit. In der letzten Rennrunde lagen sie bereits an zweiter Position, als sie in einer Rechtskurve von der Strecke abkamen, einen Zaun streiften und sich mehrfach überschlugen. Inge Stoll war auf der Stelle tot, ihr Partner Jacques Drion verstarb wenig später.

Der Tod in der letzten Runde eines Rennens in ihrer letzter Saison – da blieben Spekulationen und Verschwörungstheorien nicht aus. Zumal der Ort des Unfalls als harmlos galt. Eines der Gerüchte: Jacques Drion soll in seine Rennpartnerin verliebt gewesen sein, die aber im Mai den Kollegen und Vorjahres-Weltmeister Manfred Grunwald geheiratet hatte. Also ein mögliches Eifersuchtsdrama mit tödlichem Ausgang? Beweisen lässt sich nichts, belegt ist nur, dass das Leben einer außergewöhnlichen Frau mit 28 Jahren auch ein außergewöhnliches Ende fand.

Weil James Dean nur einmal übersehen, aber nie vergessen wurde

»Der muss mich doch sehen«, soll James Dean zu seinem Beifahrer, dem deutschen Mechaniker Rolf Wütherich, gesagt haben, doch Donald Turnupseed hat den Porsche 550 Spyder, den Dean lenkte, offensichtlich nicht gesehen. So ging dieser Satz in die Annalen der berühmten letzten Worte ein. An der Kreuzung der State Routes 41 und 46 bei Cholame befindet sich heute ein Schild mit der Aufschrift »James Dean Memorial Junction«, das Fans und Touristen zum Foto-Stopp verleitet. Der Unfalltod des 24-Jährigen beendete eine kurze Karriere und initiierte eine beispiellose Legende. Jimmy Dean bleibt für alle Zeiten jung und ein gut aussehender Kerl mit diesem unnachahmlichen Blick von unten nach oben in dem Moment, in dem Trotz in etwas Unvorhersehbares umschlägt.

Gerade mal drei Kinofilme hatte James Dean gedreht, dann kam ihm in der Abenddämmerung des 30. September 1955 der Ford Custom Tudor des ein Jahr jüngeren Turnupseed entgegen. Nach mehrmaligem Beschleunigen und Abbremsen, so die späteren Untersuchungen, sei Turnupseed unvermittelt nach links abgebogen und habe Dean, der in der Dämmerung ohne eingeschaltete Scheinwerfer unterwegs war, die Vorfahrt genommen. Mit knapp 90 km/h prallte Deans Spyder auf den Ford. Er starb noch an der Unfallstelle, sein Beifahrer und auch Donald Turnupseed überlebten verletzt.

Wenige Tage zuvor, während der Dreharbeiten zu seinem letzten Film *Giganten*, hatte James Dean am Set einen Werbespot zum Thema Verkehrssicherheit gedreht. »Die Leute haben ja oft gar keine Ahnung, was für einen gefährlichen Mist sie bauen«,

sagt der Hobbyrennfahrer da und fügt hinzu: »Ich habe überhaupt keine Lust mehr zu rasen.«

Doch Motorsport-besessen war Dean, seit er zum Highschool-
Abschluss zur Indy 500 fahren durfte. Sein erstes Motorrad war
ein Geschenk seines Onkels: eine CZ mit 125 ccm, mit der er
als 15-Jähriger auf einer improvisierten Rennpiste hinter dem
Motorradladen von Marvin Carter rumkurvte. Der Onkel hatte
die 4-PS-Maschine, die achtzig Sachen schaffte, bei Carter gekauft. »Jimmy war eine echte Pistole«, erinnerte sich Carter an
den Heißspund hinter seinem Laden. »One speed Dean« hätten
sie ihn genannt. One speed bedeutet: Vollgas. Dabei legte sich
Jimmy flach auf den Tank und streckte die Beine nach hinten
weg. Inspiriert war diese windschnittige Körperhaltung durch
Rollie Free, der im September 1948 den neuen amerikanischen
Motorradgeschwindigkeitsrekord aufgestellt hatte: 240 Sachen
in genau dieser Position.

Mit den Gagen für seine ersten kleinen Rollen war James Dean
in der Lage, die CZ gegen eine Royal Enfield mit 500 ccm einzu-
tauschen. Die Hauptrolle in seinem ersten großen Film *Jenseits
von Eden* katapultierte ihn 1954 in die erste Reihe Hollywoods.
Tausend Dollar bekam er jetzt pro Drehwoche. Und es sollte
noch besser kommen: Nach seinem großen Leinwanddebüt un-
terzeichnete der neue Star einen Vertrag über neun Filme mit den
Warner-Studios. Diesen Deal feierte Dean mit dem Erwerb eines
roten MG und einer himmelblauen Triumph T110. Sein letztes
Motorrad war eine wiederum himmelblaue Triumph 5 Trophy,
der er erst einmal den Schalldämpfer entfernte. Der Star mochte
es laut. Das bekam auch seine Kollegin Pier Angeli zu hören,
als sie dem Sänger Vic Damone das Jawort gab – und damit
dem schwer verknallten James Dean alle Hoffnungen zerstörte.
Zur Hochzeit von Damone und Angeli erschien Dean auf seiner
ungedämpften Triumph und ließ die Maschine laut aufschreien,
als das Hochzeitspaar die Kirche verließ.

Die TR5 blieb James Deans letztes Motorrad. Der Werbespot für Verkehrssicherheit, den er wenige Tage vor seinem Tod gedreht hatte, endet mit dem Satz: »Fahrt vorsichtig, vielleicht bin ich es, dem ihr damit eines Tages das Leben rettet!« Todesfahrer Donald Turnupseed hatte den Spot offenbar nicht gesehen.

Weil Vernunft Auszeiten braucht

Die Bilanz der Isle of Man Tourist Trophy, kurz TT, spricht eine deutliche Sprache, die man nicht übersetzen muss: Über 200 Tote wurden bis zum hundertsten Jubiläum im Jahre 2007 gezählt. Es gab kaum ein Jahr, in dem keiner starb, stattdessen gab's 1995 gleich zehn Tote. Das Motorradrennen auf der Isle of Man ist das älteste weltweit, was natürlich nicht ohne Einfluss auf diese morbide Statistik ist. Es ist aber auch das gefährlichste von allen. Während bei den Grand-Prix-Rennen Durchschnittsgeschwindig- keiten von 180 km/h gefahren werden, liegt der Speed auf dem Snaefell Mountain Course auf dem Eiland im Schnitt jenseits der 200-km/h-Marke.

Victor Surridge eröffnete am 27. Juni 1911 die lange Liste der Toten. Beim Jubiläumsrennen im Sommer 2007 starben drei Menschen. Diese Rekorde strebten die Gründerväter ganz be- stimmt nicht an, als sie 1907 den ersten Wettkampf für Mo- torräder organisierten. Sie wollten einfach nur Rennen fahren, ohne vom Red Flag Act ausgebremst zu werden, der motori- sierten Verkehrsteilnehmern in Großbritannien und Irland vor- schrieb, stets einen zu Fuß laufenden Fahnenträger vor sich her zu scheuchen – zur Warnung der hochgradig gefährdeten Mit- menschen. Selbst nach Aufhebung dieser Regelung war es nicht möglich, mal tüchtig Gas zu geben, denn das Tempolimit lag bei zwanzig Meilen. Das galt jedoch nicht auf der schönen Insel in der Irischen See. Deren Sonderstatus erlaubte es der Verwaltung, Rennen freizugeben. Davon machten 1904 zuerst Autosportler Gebrauch und drei Jahre später starteten 25 Motorradfahrer zum ersten Rennen auf weitgehend unbefestigten Straßen. Da- runter war auch ein Deutscher, Michael Geiger mit einer NSU.

Die Durchschnittsgeschwindigkeit bei diesem ersten Rennen betrug 60 km/h.

1911 musste wegen immer schnellerer Maschinen ein neuer Kurs her. Der wurde schließlich mit dem Mountain Course gefunden, der als Rundkurs in der Hauptstadt Douglas startet und nach knapp 61 im Uhrzeigersinn gefahrenen Kilometern und 270 Kurven endet. Vorbei an Stationen mit so wohlklingenden Namen wie Creg-ny-Baa, Cronk-y-Voddy oder The Highlander.

Am Mad Sunday dürfen die motorisierten Zuschauer mit ihren Motorrädern auf die abgesperrte Strecke und die knapp bemessene Ideallinie suchen. Die *Süddeutsche Zeitung* schrieb einmal über diesen Ritt auf der Rasierklinge, er sei für die Begabtesten unter den Bikern eine Befreiung aus dem alltäglichen und so vernünftigen Leben.

Der deutsche Rennfahrer Helmut Dähne nahm deshalb gleich 26-mal an der TT teil. Für ihn ist das Besondere die Landschaft, durch die sich diese unvergleichliche Naturstrecke ziehe. Der Gott der Isle of Man Tourist Trophy aber ist Joey Dunlop, der die TT so oft gewann, wie Dähne teilnahm, nämlich 26-mal. Ein Denkmal an der Strecke zeigt ihn auf einer Rennmaschine sitzend, den Helm auf dem Tank abgelegt. Dunlop starb im Jahr 2000 bei einem Motorradrennen – in Estland, nicht auf seinem geliebten Mountain Course. Auf dem war er unsterblich.

weil lawrence von Arabien
den Rolls Royce mit zwei Rädern fuhr

Thomas Edward Lawrence war Archäologe, Geheimagent, Schriftsteller, Offizier, als Lawrence von Arabien aber vor allem einer der ersten großen Stars zu Beginn des 20. Jahrhunderts. Als Student der Archäologie hatte der 1888 in Wales geborene Lawrence Syrien und Palästina bereist und sich mit der arabischen Sprache und Kultur vertraut gemacht. Damit war er pünktlich zum Ausbruch des Ersten Weltkriegs für den britischen Geheimdienst der ideale Mann auf dem Posten in Kairo. Als die Araber 1916 den Aufstand gegen den osmanischen Sultan in Arabien probten, empfahl sich Lawrence aufgrund seiner Sprach- und Kulturkenntnisse als V-Mann, der diesen Aufstand mit britischem Geld förderte. Einerseits waren die Türken beziehungsweise Osmanen Kriegsgegner der Engländer, sodass die Araber mit ihrem Guerillakrieg willkommene Schützenhilfe lieferten. Andererseits war bereits beschlossen, dass die Araber nach einem Sieg nur kurze Zeit jubeln sollten. Dann nämlich rissen sich die Briten die frisch befreiten Gebiete als neue Kolonien unter den Nagel. Für die Araber gilt Lawrence seither als Verräter, für die Briten und Amerikaner ist er aber ein Held. Seine Heldentaten ließ er von Frontjournalisten dokumentieren, deren bestens besuchte Filmvorführungen nach dem Krieg aus dem eher scheuen Lawrence einen Popstar machten.

Lawrence brachte seine Erinnerungen auch selbst zu Papier, sein Buch *Die sieben Säulen der Weisheit* wurde zu einem Bestseller und Klassiker der Weltliteratur. Sein schmales Gesicht war in England so bekannt wie heute das von David Beckham. Ihm selbst wurde der Ruhm bald zu viel, zumal ihn Zweifel befielen, ob er seine angeblichen arabischen Freunde nicht doch ganz übel betrogen hatte. Zeit zum Nachdenken fand Lawrence auf seiner Brough Superior, einem Motorrad mit 1000 ccm, von dem es hieß, es sei ein Rolls Royce auf zwei Rädern.

In zwölf Jahren hatte sich der wohlhabende Offizier und Gentleman sieben Maschinen dieser Nobelmarke zugelegt, mit denen er stundenlang über befestigte und unbefestigte Straßen in ganz England fuhr und Freunde wie Winston Churchill oder Lady Astor besuchte. An manchen Tagen legte er über 500 Meilen zurück, was ohne Übernachtung in England in den 1920ern und 1930ern nur möglich war, wenn man ziemlich schnell fuhr. Und Lawrence fuhr tatsächlich ziemlich schnell, er ließ sich eigens einen Tachometer anbringen, der Geschwindigkeiten bis 130 mph beziehungsweise 193 km/h anzeigen konnte.

Auch am 13. Mai 1935 war er wieder sehr schnell unterwegs, als er Kindern mit Fahrrädern ausweichen musste und die Kontrolle über die schwere Maschine verlor. Ohne Helm erlitt er schwerste Verletzungen, fiel ins Koma und verstarb sechs Tage später. Seine Brough Superior mit dem Kennzeichen GW 2275 blieb nahezu unversehrt und steht so, wie Lawrence von Arabien sie an diesem Maitag bis 450 Meter vor seine Haustür fuhr, im Londoner Imperial War Museum. Einen Dankesbrief hat T. E. Lawrence auch hinterlassen: an George Brough, den Konstrukteur dieses großartigen Motorrads, bei dem er sich für die hervorragende Leistung und Abstimmung seiner Maschinen bedankt.

Weil über dem Asphalt der Himmel ist

Motorradfahrer gelten als Radaubrüder und gottlose Gesellen –
das war und ist ein immer noch gern gehörtes Urteil über die
Jungs und Mädels mit Helm und Stiefeln. Ersteres mag ja in sel-
tenen Fällen noch zutreffen, Letzteres aber ist widerlegt: Gottlos
sind viele ganz und gar nicht. Das belegt die unglaubliche Zahl
von 35.000 Fahrern bei den letzten Motorradgottesdiensten in
Hamburg, kurz Mogo genannt.

Die Erfolgsgeschichte des Mogo begann 1983, als der in
Hamburg für die Polizei zuständige Pastor Reinhold Hintze
einen ersten Gottesdienst für Motorradfahrerinnen und -fahrer
im Hamburger Michel veranstaltete. Hintergrund dieser speziellen Veranstaltung waren seine Seelsorgeerfahrungen mit den
Motorrad fahrenden Polizisten. Zudem sollte der Gottesdienst
einen Neuanfang in Sachen Partnerschaft zwischen Bikern und
Polizei markieren. 350 Biker waren Hintzes Einladung gefolgt.
Zehn Jahre später kam bereits eine fünfstellige Zahl, sodass es
bald Sinn ergab, Mogo ganz offiziell als eingetragene Marke der
Nordelbischen Kirche zu führen.

Mit den Jahren wich die Skepsis auf beiden Seiten: Gottes-
fürchtige Kirchenbankdrücker fanden es anfangs unangebracht
und der Kirche unangemessen, sich ausgerechnet einer Klientel
zu widmen, die laute E-Gitarren, alkoholhaltige Getränke in
bisweilen großen Dosen und die eine oder andere Rauferei durchaus schätzt. Und waren nicht alle Motorradfahrer automatisch
Rocker und damit Satanisten, wie allein schon der Name »Hell's
Angels« nahelegt? Auf der anderen Seite standen auch viele Biker
der Idee skeptisch gegenüber: Mit tausend Kubik zur Messe zu
düsen, um als braves Schaf in der Gemeinde den Herrn zu lob-

preisen und am Ende wohl noch gemeinsam zu singen? Halleluja, das ging ja gar nicht! Es ging dann aber doch, weil immer mehr Mutige den Schritt aufeinander zu machten, weil es natürlich gläubige Biker und selbstverständlich Motorrad fahrende Pastoren gibt.

An guten Tagen, also bei gutem Wetter, wurden beim Gottesdienst im und vorm Michel Biker im fünfstelligen Bereich gezählt – mit Lautsprechern wird die Messe nach draußen übertragen. Inzwischen ist das Veranstaltungsteam der Mogo auf zwanzig angewachsen, unterstützt von 300 Helfern. Von Hamburg aus wurde die Idee, Bikerseelen zu berühren, auch nach Kiel und Husum getragen, sogar der Kölner Dom öffnete bereits seine Pforten für Motorradfans.

»Fahr nicht schneller, als dein Schutzengel fliegen kann«, lautet der Leitspruch der christlichen Biker, denen bei jedem Gottesdienst ein gelbes Band als Wiedererkennungszeichen, aber auch als Segen für das kommende Jahr überreicht wird. Denn den Veranstaltern ist es ernst mit ihrer Mission. Auf keinen Fall soll ihr Mogo als beliebiges Event missverstanden werden, sondern als volksmissionarisch und ökumenisch ausgerichtete Feier, die auf eine besondere Weise Menschen anspricht, die normalerweise ein eher distanziertes Verhältnis zur Kirche haben. Denen soll ein Orientierungsrahmen für ihre Seele gegeben werden.

Dass Gebete und Segen, das Fahren mit Gott aber keine Lebensversicherung darstellen, wurde den Mogo-Bikern zuletzt auf tragische Weise bewusst, als die Motorradpastorin Manuela Wüsteney tödlich verunglückte: Auf regennasser Fahrbahn rutschte sie weg und geriet unter einen entgegenkommenden Linienbus. Laut Polizei war keine überhöhte Geschwindigkeit im Spiel, ihr Schutzengel flog an diesem Tag wohl einfach nicht.

Weil ein Mammuth Mammut fährt

In dem wunderbaren französischen Film *Mammuth* macht sich Gérard Depardieu mit einem alten Motorrad auf den Weg in seine Vergangenheit. Er muss frühere Arbeitgeber abklappern, bei denen er zumeist als Hilfsarbeiter beschäftigt war, um Rentenbelege zu sammeln. Bereits auf den ersten Metern auf der Landstraße wird er überholt – zunächst von einem Sattelschlepper, dann brettert eine Rennmaschine an ihm vorbei, die nach wenigen Sekunden als kleiner Punkt am Horizont verschwindet. Doch Depardieu, der im Film Mammuth genannt wird, weil er von massiger Gestalt ist und sich nur träge und ungelenk bewegt, treibt sein Motorrad nicht an, sondern behält sein gemächliches Tempo ungerührt bei. Sein Motorrad heißt so wie er, nur ohne »h«: Mammut. Und kein anderes Motorrad der Welt würde besser in diese Story passen als ebenjene Münch-4 TTS 1200, genannt Mammut.

Nicht nur der kleine Zirkel der Münch-Fahrer weiß bei dieser ersten Motorrad-Szene, dass Depardieu auf der Landstraße locker zum Sprung hätte ansetzen können, um sich dem Fahrer der rasenden Rennmaschine wenigstens mal kurz im Rückspiegel zu zeigen. Denn stattliche 88 PS brachten seine Mammut bereits im Baujahr 1969 auf über 200 Sachen, nach vier Sekunden waren bereits 100 km/h erreicht. Aber der Mammuth auf der Mammut bleibt stoisch im untersten Drehzahlbereich. Mammuth und Mammut – beide strotzen vor Kraft, die aber nie aggressiv wird, beide sind gleichermaßen friedliebend, obgleich sie auch ganz anders könnten, beide sind von einer geradezu buddhistischen Anmut. Verstörend sind auch die Sequenzen, wenn plötzlich eine junge Frau erscheint, die am Kopf stark blutet und nach und nach als seine Jugendliebe erkannt wird, sie starb, als beide einst mit dem Motorrad verunglückten.

Die Tragikomödie, die 2010 in die deutschen Kinos kam, ist Gérard Depardieus Sohn Guillaume gewidmet, der zwei Jahre zuvor im Alter von nur 37 Jahren starb. Auch Guillaume war ein großer Schauspieler, wenn auch immer im Schatten dieses allgegenwärtigen Vaters mit dem breiten Kreuz. Auch sein Tod stand – wenn auch indirekt – im Zusammenhang mit einem Motorradunfall.

1996 war Guillaume Jean Maxime Antoine, wie er mit vollen Vornamen hieß, mit seinem Motorrad unterwegs, als sich vom Auto vor ihm ein Gepäckstück löste und ihn voll erwischte. Das rechte Bein war halb, zwei Finger ganz abgerissen, Arm- und Schlüsselbein gebrochen. Bei den anschließenden Operationen infizierte er sich im Krankenhaus mit einem multiresistenten Erreger. In der Folge musste er sich noch 17-mal operieren lassen, ohne dass seine starken Schmerzen gelindert werden konnten. 2003 entschloss er sich zur Amputation seines rechten Beins. Doch der Erreger ließ sich nicht aus seinem Körper entfernen und am 13. Oktober 2008 starb Guillaume während Dreharbeiten an den Folgen einer Lungenentzündung.

Im Film taucht noch eine weitere seltsame Figur auf: eine Frau mit bandagiertem Fuß, die behauptet, einen Motorradunfall und anschließend 17 Operationen gehabt zu haben. Dass sie von einer Honda 2000 spricht, macht den schwerfälligen Mammuth nicht misstrauisch. Erst als am nächsten Morgen Papiere, Geld und Handy fehlen, ahnt er, dass er einer notorischen Betrügerin aufgesessen war. Doch sein Gemüt verdunkelt sich nur kurz. Er muss sich erst mal darum kümmern, an Geld zu kommen, und an dieser Stelle zeigt sich ein weiterer Vorzug der Münch 1200 Mammut – ihr Wert auf den kleinen Märkten der Münch-Liebhaber.

weil die welt doch nicht genug ist

Als Robert Sexé am 17. November 1890 im französischen La Roche-sur-Yon in der Vendée geboren wird, ist noch gar nicht erfunden, was den Jesuitenschüler zeitlebens faszinieren wird: Motorräder, die ihn über den Erdball tragen sollen. 1912 macht der junge Mann in England den Führerschein und kauft umgehend seine erste Maschine, eine Rudge. Das englische Unternehmen besteht zu diesem Zeitpunkt erst seit zwei Jahren, doch dass Sexé aber eine gute Wahl getroffen hat, zeigt wenig später der erste Rudge-Erfolg bei der Isle of Man Tourist Trophy – 1914 mit einem Schnitt von 79 km/h.

Sexé ist Korrespondent einer englischen Tageszeitung und berichtet als Kriegsberichterstatter vom Balkankrieg. Mit Beginn des Ersten Weltkriegs soll der Reporter auch von dessen Fronten berichten, doch lieber als über Schlachten schreibt er für das englische Fachblatt *Motor Cycling* über seine Passion. Er kennt die Szene, über die er schreibt, nimmt er doch an den tollsten Wettbewerben seiner Zeit teil und ist immer unter den Ersten, die ins Ziel kommen – in den Pyrenäen, in den Vogesen, auf der Strecke Paris–Nizza oder Paris–Konstantinopel. Dabei erinnert er mit seiner Bertolt-Brecht-Brille und den kurz geschnittenen Haaren immer eher an einen Theologen oder Wissenschaftler als an einen Abenteurer.

In den 1920ern startet er im Team: Die Freunde Sexés, Krebs und Dumoulin fahren mit Maschinen des belgischen Herstellers Gillet-Herstal und sie erzielen neue Streckenrekorde. 1925 geht's von Paris in die Sowjetunion. Das Ziel heißt Moskau und zum Entzücken der Weltpresse wird es auch erreicht. Fünf Monate brauchten die kühnen Könner auf ihren Motorrädern. Gestartet wurde im sommerlichen Juni 1926 in Paris, und als es überall Winter und empfindlich kalt wurde, da waren sie da, wo die Kälte besonders zuschlägt: in Sibirien. Eine Leistung, die einen selbst im Zeitalter der beheizbaren Handgriffe noch frösteln lässt.

Die erste Weltumrundung per Motorrad auf dem Landweg durch die UdSSR ist nur eins von vielen Abenteuern. Immer neue Touren durch ganz Europa sind da nur Aufwärmübungen für Motorradreisen, die bis in die Arktis führen.

Das Traumpaar Sexés und Gillet muss sich leider trennen, als 1930 die Große Depression auch die belgische Firma trifft. Den Ruhm des weltbekannten Fahrers wollen sich sofort andere Hersteller sichern, den Zuschlag erhält schließlich Peugeot. Die Franzosen werden von ihrem Landsmann nicht enttäuscht, denn der spult weiterhin zuverlässig sein Programm im Sattel ab. Auch in Afrika werden zigtausend Kilometer gesammelt – auf Straßen, die oft keine sind, ohne dass es an jeder Ecke eine Werkstatt gibt, mit Karten, auf die man sich nicht immer verlassen kann.

Der Zweite Weltkrieg blieb nicht ohne Einfluss auf die Wahl seiner Strecken, doch nach Kriegsende setzt Sexé seine unendliche Reise fort. Auch in Deutschland ist er ein gern gesehener Gast, hier nimmt der inzwischen 70-Jährige an einem der ersten Elefantentreffen teil – mit einer guten alten Gillet solo 400.

Selbst mit Mitte achtzig sehen seine Nachbarn diesen großartigen Motorradmann noch Runden drehen, bevor er 1986 für alle Zeiten den Zündschlüssel abzieht.

Weil's Stoff für große Tragödien liefert

Die Bilder von der Trauerfeier für Marco Simoncelli bewiesen, dass ein Held gefallen war. Der Terminus aus der Sprache des Krieges passt hier einmal ganz ohne falsches Pathos, denn nicht nur für seine Fans, auch für seine Familie war der 24-Jährige ein Krieger, ein Krieger des sportlichen, harten, aber fairen Wettstreits. »Italien verabschiedet sich vom freundlichen Krieger«, schrieb dann auch Italiens größte Sportzeitung *Gazzetta dello Sport*. Sic, wie ihn alle nannten, sei ein Mensch gewesen mit Charisma und Mut im Überfluss. Auf der Titelseite des Blattes prangte ein großes Foto des verunglückten MotoGP-Piloten, daneben standen nur drei Buchstaben: Sic.

Wenn Sportler auf der Höhe ihrer Zeit sterben, kommt eine andere Dimension ins Spiel, weil nichts weiter vom Tod entfernt zu sein scheint als die absolute Vitalität, die junge Athleten wie sonst kaum jemand verkörpern. In Deutschland war das bei Fußballtorwart Robert Enke so, verstärkt durch die Erkenntnis, dass dem tragischen Tod auch ein schwieriges Leben vorangegangen war. Simoncelli war das Gegenteil von Enke. Der Fahrer mit der nicht zu bändigenden Wuschelmähne war ein lebensfroher, wilder Mensch. Einer, der immer siegen wollte und vielleicht daran gestorben ist.

Dem 250-ccm-Weltmeister von 2008 war am 23. Oktober 2011 beim Großen Preis von Malaysia in Kurve 11, einer sehr schnellen Rechtskurve, das Vorderrad weggerutscht. Während der erste der nachfolgenden Fahrer noch ausweichen konnte, erwischte Colin Edwards Yamaha Simoncelli am Kopf, der Helm riss ab und der Verunglückte wurde danach noch von Valentino Rossis Maschine überrollt. Marco Simoncelli starb noch an der

Unfallstelle in Sepang, genau dort, wo er drei Jahre zuvor die Weltmeisterschaft gewonnen hatte – der größte Triumph des draufgängerischen Piloten.

20.000 trauernde Tifosi waren gekommen, um sich in Sics Heimatstadt Coriano von ihrem Helden zu verabschieden. Der Vorplatz der Kirche war übersät mit Briefen, Fotos und Flaggen mit Simoncellis Startnummer 58. Neben dem Kirchenaltar waren zwei Motorräder aufgestellt, die Gilera 250, mit der Sic Weltmeister geworden war, und eine Honda, die er zuletzt gefahren hat. Auf dem Sarg lag der Helm, den er beim tödlichen Unfall verloren hatte.

Den Trauergottesdienst hielt der Bischof von Rimini ab. Auch er wollte in seiner Predigt nicht von jugendlicher Unvernunft oder einem sinnlosen Tod sprechen und stellte keine Forderungen nach einem Aus für diesen Sport, wie es in der Formel 1 in solchen Momenten regelmäßig geheuchelt wird. Der Bischof wählte vielmehr Worte voller Respekt vor dem Toten und dessen Leben als Motorradrennfahrer: »Jetzt stehst du auf dem höchsten Podest«, hieß es in der Predigt.

Unter den Trauergästen war auch Valentino Rossi, der zuvor über Twitter verbreitet hatte, was er in diesen Stunden fühlte. »Sic war wie ein jüngerer Bruder für mich. Auf der Strecke war er stark und im normalen Leben so wundervoll«, schrieb der neunmalige Weltmeister seinen Fans und denen seines Landmanns und Rivalen und: »Ich werde ihn sehr vermissen.«

Die Rennen gehen weiter und nichts anderes hätte sich ein Fahrer wie Simoncelli gewünscht. Für das nächste nach diesem Tod hatte Simoncellis Vater einen besonderen Wunsch, der seinem Sohn gefallen hätte: Statt einer Schweigeminute gab es eine Minute des Lärms – ein Requiem mit den aufheulenden Motoren aller startenden Maschinen.

Kapitel 7

Besondere Menschen, besondere Motorräder

Lass mich eines sagen: Ich musste nicht das Messer
zwischen die Zähne nehmen, um schnell zu sein.

VALENTINO ROSSI

Weil 1894 das Geburtsjahr der Freiheit ist

Am 20. Januar 1894 wurde von den Herren Hildebrand und Wolfmüller das Patent Nr. 78553 beim Deutschen Reichs-Patentamt eingereicht. Damit kam ein neuartiges Gefährt auf die Welt und auf die Straße, dessen Faszination auch mehr als hundert Jahre später ungebrochen ist. Es handelt sich um das Patent für das erste käufliche Motorrad, das bald in einer nennenswerten Stückzahl produziert wurde. Nicht nur das macht dieses Patent zu einem ganz besonderen: In ihm wird auch erstmals die Bezeichnung »Motorrad« verwendet.

Die Geschichte des Motorrads wurde weltweit eine einmalige Erfolgsgeschichte, die von Hildebrand & Wolfmüller – so auch der Name der Zweizylinder-Maschine – nicht. Die beiden wagemutigen Pioniere erlebten mit ihrer bahnbrechenden Erfindung ein wirtschaftliches Waterloo. Für die Erfindung gab es allerdings Vorläufer: So hatten die Franzosen Michaux und Perreaux bereits 1869 ein Zweirad mit einer Dampfmaschine angetrieben und 1885 hatte Gottlieb Daimler seinen »Reitwagen« entwickelt, der allerdings nur als Versuchsanordnung gedacht war, um Motoren zu erproben. Außerdem war dieser Reitwagen ein Einzelstück und hatte seitliche Stützräder. Das galt natürlich nicht. Gottlieb Daimler sollte aber sehr bald mit ganz anderen Fahrzeugen Meilensteine der Mobilitäts-Geschichte legen.

Tatsächlich waren es Alois Wolfmüller und Heinrich Hildebrand, die der Menschheit die Freiheit auf zwei Rädern schenkten. Hildebrand galt als technisch versierter Finanzier und Wolfmüller als brillanter Konstrukteur mit einer ganzen Reihe bahnbrechender Ideen. So war seine Erfindung bereits mit einem Stahlrohrrahmen ausgestattet, dessen Hohlräume als Wasser-

und Öltanks dienten. Der liegende wassergekühlte 2-Zylinder-Viertakt-Motor verfügte über satte 1488 Kubik und brachte (nicht ganz so satte) 2,5 PS auf die Straße. Immerhin: Bei einem Gewicht von 84 kg konnte das Aggregat locker eine Höchstgeschwindigkeit von 40 km/h schaffen.

Eine Kette gab's nicht, die Motorleistung wurde von den Pleuelstangen direkt aufs Hinterrad übertragen, das gewissermaßen als Kurbelwelle fungierte. Der Clou aber war eine Art Notbremse, ein Sporn als Bremsanker. Doch selbst solche Raffinessen konnten Hildebrand & Wolfmüller keine goldene Zukunft bescheren. Zunächst war das Motorrad dermaßen gefragt, dass bald knapp tausend Beschäftigte im Münchner Werk bis zu zehn Maschinen am Tag fertigten. Doch kaum wurden diese von ihren neuen Besitzern gefahren, hagelte es Beschwerden, auch aus dem Ausland. Die ersten Biker der Geschichte waren nämlich nicht bereit, für einen durchaus saftigen Kaufpreis schieben zu müssen! Wollte doch die Glührohrzündung nur selten das tun, was sie eigentlich sollte, nämlich zünden, und die Fahrer mussten unter Tränen und Schweiß anschieben, bis sich der Motor erbarmte und ansprang. Nur wenige Monate später zwangen Regressforderungen das Unternehmen in die Knie und ein Vergleich musste angemeldet werden.

Zwei Exponate sind heute noch zu besichtigen – im Deutschen Museum in München und im Deutschen Zweirad- und NSU-Museum in Neckarsulm. 2010 wurde eine Hildebrand & Wolfmüller aus amerikanischem Besitz versteigert, der neue Eigner blätterte über 100.000 Euro für den Schatz hin. Wem das zu viel ist, der kann etwas günstiger eine Replik erwerben, die in kleiner Stückzahl von den Brüdern Thomas und Michael Leibfritz im baden-württembergischen Balingen aufgelegt werden.

Weil jede Revolution auf dem Motorrad beginnt

Wenige Tage vor dem Jahreswechsel 1951/52 besteigt der junge argentinische Medizinstudent Ernesto Guevara – besser bekannt als Che Guevara – eine Norton 500, um zu einer mehrmonatigen Reise durch Lateinamerika aufzubrechen. Mit dabei sind sein Kumpel und Kommilitone Alberto Granado und der Hund Comeback. Alle drei reisen auf diesem einen Motorrad, Poderosa II genannt. So muten sie der Einzylinder-Maschine einiges zu und der Reisebericht wird so auch zu einem Pannenbericht: »Das Motorrad, dessen Gepäckträger hinter seinem Schwerpunkt liegt, gerät mit der darauf befestigten Last leicht außer Kontrolle; bei der geringsten Unachtsamkeit bäumt es sich mit dem Vorderrad auf und wirft uns im weiten Bogen ab«, schreibt Guevara. Und einige Hundert Kilometer später heißt es: »Das Motorrad schleppte sich dahin, als wollte es uns demonstrieren, wie sehr es unter den Strapazen litt.«

Repariert wird nur selten mit Werkzeug und Ersatzteilen, sondern in der Regel mit »Freund Draht«, wie die simple Allzweckwaffe von den beiden Abenteurern genannt wird. Beim Flicken des Hinterreifens hilft ihnen auch einmal ein Österreicher, der in einem früheren Leben Motorradrennfahrer war und sie vor den wilden chilenischen Pumas warnt. In der folgenden Nacht wähnen sich die Reisenden tatsächlich einem Raubkatzenangriff ausgesetzt – und erschießen Bobby, den Hund ihrer Gastgeber. Ein anderes Mal kommen die Motorradreisenden bei gastfreundlichen Deutschen unter, denen Che zum Dank doch tatsächlich in eine Schüssel mit getrockneten Pfirsichen kackt – natürlich unabsichtlich, er hatte sich mit einer heftigen Kolik einfach nur aus dem Fenster gehängt und nicht gesehen, wo die Ladung hinging.

In Chile kommt der 23-jährige Ernesto auch zu dem Namen, unter dem er zum Popstar aller Revolutionäre werden soll: Che, was im Deutschen so viel wie »Hey« bedeutet, womit man sich behilft, wenn man jemanden ansprechen möchte, dessen Namen man nicht kennt.

Wie immer, wenn junge Männer reisen, geht's auch diesen beiden Studenten in erster Linie um Abenteuer, um hübsche Mädchen und ums Feiern. Doch nicht nur: Der angehende Arzt Che und der zukünftige Biologe Alberto – beide aus gutem Hause – wollen auch hinter die prächtigen lateinameikanischen Kulissen schauen und wissen, wie es in den Kupferminen aussieht, die den Wohlstand Südamerikas begründen, jedenfalls den der Eigentümer. Sie freunden sich mit Arbeitern an, die trotz ihrer Schinderei in den Minen kaum über die Runden kommen, die keine Rechte haben und keine Perspektiven. »Dieses ziellose Streifen durch unser riesiges Amerika hat mich stärker verändert, als ich glaubte«, schreibt Che nach seiner Rückkehr in sein Tagebuch.

Die *Motorcycle Diaries* heißen im Original *Notas de Viaje*, Reisenotizen. Dieser Name trifft's besser. Denn die treue Poderosa ist bereits auf Seite 58 endgültig hin und muss zurückgelassen werden. Die Reise wird bis zum Sommer 1952 ohne Motorrad fortgesetzt. Drei Jahre später lernt Che Fidel Castro kennen, mit dem er 1959 den kubanischen Diktator Batista aus Havanna jagt und die Revolution auslöst. Beim Versuch, mit Guerilla-Taktik ganz Südamerika zu verändern, wird Che Guevara 1967 in Bolivien gefangen genommen und erschossen.

Sein alter Kumpel und Reisebegleiter Alberto Granado starb im März 2011. Seinem letzten Willen folgend, sollte seine Asche auf Kuba, in Venezuela und in Argentinien verstreut werden – die Fortsetzung einer großartigen Lateinamerikareise mit anderen Mitteln.

Weil es für Theresa Wallach Zeichen und Wunder gab

»Als ich das erste Mal ein Motorrad sah,« – das muss in den 20er-Jahren des letzten Jahrhunderts gewesen sein – »bekam ich von ihm ein Zeichen. Es war ein Gefühl, das Menschen kennen, die in Tränen ausbrechen, wenn sie ein bestimmtes Stück Musik hören oder vor einem besonderen Bild stehen. Motorradfahren ist ein Werkzeug, mit dem du etwas Bedeutendes in deinem Leben schaffen kannst. Es ist Kunst.« Die so vom Motorradfahren spricht, hat ihr ganzes Leben lang Bedeutendes mit dem Motorrad geschaffen.

Theresa Wallach wird 1909 in London geboren und bekommt das erwähnte Zeichen von einem Motorrad schon früh in ihrem Leben, denn in ihrer Jugend stehen die großen englischen Motorradfabriken Norton, Triumph, BSA und A.J.S. in voller Blüte. Die junge Frau lernt Mechaniker kennen, Ingenieure und Rennfahrer, die ihr das Fahren beibringen. Was also spricht gegen den Beitritt in einen Motorradclub? Das fehlende Körperteil natürlich! Die Herren der Clubs verweigern Wallach die Mitgliedschaft ohne jedes Argument. Die exzellente Fahrerin muss allein wegen ihres Geschlechts außen vor bleiben. Aber auch ihre Eltern sind *not amused* ob der Passion ihrer Tochter, die jetzt auch noch anfängt, Rennen zu fahren und zu gewinnen. Wenigstens soll sie die Pokale außer Sichtweite räumen, verlangen Mutter und Vater von ihrem ungewöhnlichen Kind. Es kommt noch schlimmer: Statt eine gute Partie zu machen und zu heiraten, schreibt sich Theresa in London an der Uni ein. Ihr Fach: Maschinentechnik!

So schön Englands Landschaften zum Motorradfahren auch sind, bald möchte sie größere und abenteuerlichere Trips machen. Mit ihrer Freundin Florence Blenkiron, die sie Blenk nennt, entschließt sie sich 1935 zu einer Fahrt von London nach

Kapstadt, von Norden nach Süden über den afrikanischen Kontinent, Sahara inklusive. Die beiden jungen Frauen – Theresa ist zu diesem Zeitpunkt 26 Jahre alt – haben einen Seitenwagen und einen Anhänger für ihre 600-ccm-Panther dabei. »The perfected Motorcycle«, wie der Hersteller seine Einzylinder-Maschine bewirbt, scheint wie geschaffen für die abenteuerliche Reise der mutigen Mädels. Was sie aber nicht dabeihaben, ist ein Kompass.

Ein letzter Blick zum Stand der Sonne am afrikanischen Himmel, dann fahren sie los. Nomaden, die sie unterwegs nach der Richtung fragen, ersetzen ihnen zwar den Kompass, können ihnen aber nicht gegen monsunartigen Regen, gegen unerträgliche Hitze, gegen Löwen, Giftschlangen und französische Fremdenlegionäre helfen. Die Söldner wollen den Frauen die Weiterfahrt verwehren und erst nach zähen Verhandlungen und mit sehr viel Charme können sie die Panther wieder in Bewegung setzen.

Von all diesen Begegnungen und Begebenheiten berichtet Theresa Wallach nach ihrer Heimreise in einem der schönsten Motorradbücher, das längst eine Übersetzung ins Deutsche verdient hätte: *The rugged Road*, was schlicht bedeutet: *Die holprige Straße*. Britisches Understatement vom Feinsten – die Straßen sind nur selten holprig, denn meistens sind gar keine vorhanden. Nur ein einziges Auto kommt ihnen während ihres ganzen Trips entgegen – und mit dem stoßen sie auch noch zusammen. Dabei entsteht nicht der erste Schaden an ihrem Gespann, doch die Frauen wissen sich jedes Mal zu helfen und bekommen Motorrad, Seitenwagen und Anhänger wieder zum Laufen, auch wenn sie dafür den kompletten Motor auseinandernehmen und wieder zusammensetzen müssen. Nur einmal fehlen notwendige Teile und Blenk und Theresa müssen ihr schweres Gefährt 25 Meilen schieben.

Das Reisebuch macht Wallach in England berühmt. Sie könnte es sich mit den Tantiemen bequem machen, doch lieber nimmt sie wieder an Rennen teil – und das mit großem Erfolg. Auch der Ausbruch des Zweiten Weltkriegs hält Wallach nicht vom

Motorradfahren ab: Sie wird der erste weibliche Motorradkurier der britischen Armee.

Nach dem Krieg erfüllt sie sich ihren zweiten Traum von einer großen Motorradreise. Allein fährt sie quer durch Amerika, zweieinhalb Jahre ist sie unterwegs. Den Trip finanziert sie durch alle erdenklichen Jobs unterwegs, sie verdient Dollars als Flugzeugmechanikerin, aber auch als sprichwörtliche Tellerwäscherin. Dann setzt sie sich wieder auf ihre Maschine und reist weiter. Am Ende hat sie über über 50.000 Kilometer zurückgelegt.

Zurück in England, erträgt sie das gesellschaftliche Klima nicht. Es herrscht Depression und sie empfindet den Horizont in ihrer Heimat als unerträglich eng. Das ist kein Umfeld für eine Frau ihres Kalibers! Und so bricht sie 1952 ihre Zelte in England ab und reist zurück nach Amerika. In Chicago arbeitet sie als Motorradmechanikerin, ihr Spezialgebiet sind selbstverständlich englische Maschinen.

Zu ihrem nächsten Abenteuer kommt sie, als drei Geschäftsleute ihren Laden betreten, um Motorräder für einen Europa-Trip zu erwerben. Theresa Wallach bemerkt sofort die völlige Ahnungslosigkeit dieser Männer und willigt in einen Verkauf nur ein, wenn die Herren zuvor bei ihr Unterricht nehmen. Das funktioniert so gut, dass sie ab da verstärkt als Fahrlehrerin arbeitet – nur für Motorräder, ein Auto besitzt Theresa Wallach zeitlebens nicht. Zu ihrer Fahrschule erscheint 1970 auch ein Buch, *Easy Motorcycle Riding* wird in den USA ein Bestseller. Jetzt muss sie nicht länger Motorräder verkaufen. Sie zieht nach Phoenix, wo sie die Easy Riding Academy eröffnet. Nebenher wirkt sie bei der Women's International Motorcycle Association mit.

Noch mit 88 Jahren fährt diese große Bikerin Motorrad, dann zwingt sie eine Sehschwäche zum Absteigen. An ihrem neunzigsten Geburtstag stirbt Theresa Wallach. Vielleicht hat sie ja in ihrem letzten Moment noch einmal ein Zeichen von einem Motorrad bekommen. Das ist eine schöne Vorstellung.

Weil wir wissen, was die grüne Hölle wirklich ist

Vietnam-Veteranen irren, wenn sie meinen, sie hätten in der Grünen Hölle gekämpft, damals in Nam. Denn die wahre Grüne Hölle befindet sich nicht in Asien, sondern mitten in Europa, mitten in Deutschland: in der Eifel. Als Grüne Hölle wird passenderweise die Nordschleife am Nürburgring bezeichnet, jene fantastische Strecke, die eine große Renntradition mit landschaftlicher Schönheit vereint. Es war der britische Formel-1-Weltmeister Jackie Stewart, der der von Büschen und Wäldern gesäumten Rennstrecke diesen Namen gab – Green Hell.

Von Anfang an war die Piste auch ein El Dorado für Motorradfahrer, wenn auch extrem fordernd: 73 Kurven und 400 Meter Höhenunterschied auf einer Länge von knapp 21 Kilometern. Schon Kaiser Wilhelm II. ließ 1907 Pläne für eine Rennstrecke in der dünn besiedelten Eifel ausarbeiten, nachdem die Belgier und Italiener bereits mit großem Erfolg Rennen veranstaltet hatten. Nach diversen Eifelrennen wurde der eigentliche Nürburgring gebaut und 1927 fertiggestellt. Am 18. Juni, einem Samstag, wurde die Rennstrecke feierlich eröffnet. Es waren die Motoradsportler, die das erste Rennen bestreiten durften, die Automobilisten waren erst am Sonntag dran. Je schneller die Fahrzeuge mit den Jahren wurden, desto deutlicher trat hervor, was Jackie Stewart mit seiner Bezeichnung meinte. Die Strecke ist so weitläufig, dass nicht überall dasselbe Wetter herrscht. Von trockenen Abschnitten kann es urplötzlich auf regennasse Waldstücke gehen, die zwar spürbar kühler sind, den Fahrer aber dennoch schwitzen lassen.

Einer, der die Nordschleife so gut kennt wie seine Westentasche, ist Helmut Dähne. Der Motorradrennfahrer, der von 372

Rennen 126 siegreich beendete – darunter auch auf der Isle of Man –, kann die beiden Naturstrecken gut miteinander vergleichen. Die Nordschleife sei zwar bedeutend sicherer als der Inselkurs, weil keine Mauern und Häuser die Flugbahn abgehender Piloten störten, sie sei aber viel anstrengender, weil es keine Zeit zum Ausruhen gebe. Also fordere die Eifel physisch mehr vom Fahrer, während die Isle of Man psychisch stressiger sei.

Dähne hält auf der Nordschleife auch den ewigen Rundenrekord mit einem Motorrad mit Straßenzulassung. Im Mai 1993 absolvierte er auf einer Honda RC30 die 21 Kilometer in 7:49,71 Minuten – ein Rekord für die Ewigkeit, denn dieser Wettbewerb wird nicht mehr ausgetragen. Zweirad-Wettbewerbe finden nur noch auf der Grand-Prix-Strecke statt. Seine Facebook-Bezeichnung trägt Dähne also unbestritten: King of the Ring.

Nach den Regeln der Straßenverkehrsordnung darf jeder Bürger und Biker durch die Grüne Hölle brettern; 26 Euro kostet eine Runde. Weil die meisten nach einer Runde aber noch weitere drehen wollen, kosten 25 Runden nur 490 Euro. Dazu gibt's noch einen Rabatt auf die Onboard-Kamera, die die Bilder für den nächsten schönen Heimkino-Abend im Kreise der Schrauber aus der Nachbarschaft liefert. Als Tisch-Deko bieten sich Zündkerzen an.

Weil siegen nicht alles ist

»Wir waren eindeutig die bessere Mannschaft«, sprach der Trainer der eindeutig schlechteren Fußballmannschaft, »weil wir effektiver waren und gewonnen haben.« Eine solche Haltung ist Helmut Dähne fremd. Für ihn ist ein Sieg mehr, als als Erster über die Ziellinie zu fahren. So hadert er bis heute mit seinem größten Triumph, dem Sieg von 1976 bei der Tourist Trophy auf der Isle of Man. Grund für die ausbleibende Freude war nicht so sehr, dass das Rennen unter miesen Vorzeichen stand. Es ging nämlich schon mit Motorschäden beim Training los. Unter denkbar größtem Zeitdruck wurde aus zwei BMW-Motoren ein neuer gebaut, einen fehlenden Benzinschlauch borgten sich Dähne und seine Leute von einem Gespannfahrer. Damit ging's dann zunächst auch gut vom Start weg. Dähne lag bald in Führung – bis eine Ducati an ihm vorbeischoss, im Sattel Roger Nicholls.

Zwischen den beiden Piloten entwickelte sich ein Kopf-an-Kopf-Rennen mit wechselnden Führungen. Dann sah es so aus, als müsste sich Dähne geschlagen geben, denn seine Kupplung begann zu rutschen. Nicholls zog davon und Dähne fuhr die nächsten Kilometer verhalten, um die Kupplung zu schonen. Nach Ablauf der Schonzeit für die Kupplung griff der Rennfahrer aus Bayern wieder an und konnte beim Tanken tatsächlich an Nicholls vorbeiziehen.

Als Dähne, der den ewigen Rundenrekord auf dem Nürburgring hält, die Ducati das nächste Mal zu sehen bekam, stand das Motorrad kurz hinter Brandish Corner, abgestellt am Straßenrand, daneben Roger Nicholls, der ihm zuwinkte. Die Ducati hatte den Dienst quittiert. Dähne gewann das Rennen und war deprimiert, weil er den Konkurrenten nicht im Rennen bezwungen hatte und weil er trotz seines Siegs nicht der Schnellste war. Nicholls' beste Runde war sieben Sekunden schneller als die des Deutschen. Sieben Sekunden auf sechzig Kilometer sind nun wirklich nicht viel, doch es reichte, um Dähnes Freude über den Sieg zu trüben.

Dass er dann doch noch feierte, hatte einen anderen Grund: Dähnes Helfer Helmut Bucher hatte den Preis als bester Mechaniker gewonnen. Ein Erfolg ohne Wenn und Aber und somit ein echter Grund zu uneingeschränkter Siegesfreude für Helmut Dähne, diesen ungewöhnlichen Rennfahrer, der sich zwei Jahre später auf der Isle of Man wieder mehr freuen konnte.

Der nach Dähnes Einschätzung beste, weil präziseste Tourist-Trophy-Fahrer Mike Hailwood hatte den Deutschen kurz hinter Windy Corner überholt. Eigentlich nicht wirklich ein Grund zum Jubeln für den Überholten. Doch nach diesem Manöver winkte Hailwood Dähne mit dem Ellenbogen zu. Dähne zählt diesen Gruß gleich neben dem eigenen Sieg zu den herausragenden Momenten in seiner Tourist-Trophy-Geschichte, die nicht arm an besonderen Momenten ist. Helmut Dähne ist den Mountain Course in seiner Laufbahn immerhin 26-mal gefahren.

Weil Airbags noch mehr Leben retten werden

Es sieht gar nicht gut aus, wenn die Honda Gold Wing mit mehr als siebzig Sachen in die linke Seite eines parkenden Wagens kracht. Der Fahrer fliegt über den Lenker und prallt auf die Seitenscheibe, der Kopf biegt sich bedenklich weit nach hinten. Zum Glück ist der Fahrer ein Crash Test Dummy und das Ganze eine Versuchsanordnung des ADAC. Der Verkehrsclub will testen, was der Airbag kann, den Honda ihrer altehrwürdigen Gold Wing verpasst hat. Also wird der Dummy ein zweites Mal auf die schwere Maschine gesetzt, um mit derselben Geschwindigkeit in das Auto zu fahren. In der Millisekunde des Aufpralls bläst sich der Airbag auf, noch bevor der Fahrer richtig aus dem Sattel kommt. Zwar kann der riesige weiße Luftsack einen Körperkontakt mit dem Auto nicht ganz verhindern, aber so minimieren, dass Verletzungen sehr gering ausfallen würden. Die Analysen der ADAC-Techniker ergeben, dass beim Crash ohne Airbag ein Genickbruch zum Tod des Fahrers geführt hätte. Die konstruierte Situation entspricht der Unfallursache Nummer eins: Ein Autofahrer übersieht ein seitlich nahendes Motorrad und nimmt dessen Fahrer die Vorfahrt.

Der Crashtest mit der Gold Wing fällt so eindeutig aus, dass man nicht verstehen kann, weshalb nicht umgehend alle Hersteller in ihre komplette Modellpalette Luftballons einbauen. Doch bei anderen Modellen gibt es Probleme. Die Gold Wing, ohnehin eigentlich fast schon ein Kleinwagen auf zwei Rädern, ist wie gemacht für Airbags. Ihr Fahrer sitzt aufrecht und hält die Arme weit auseinander. Ganz anders verhält es sich mit Piloten auf Superbikes, weil sie eigentlich gar nicht sitzen, sondern liegen. Einen Fahrer in dieser Position würde der Airbag vom Motorrad stoßen. Ausgerechnet für die schnellsten Maschinen, die auf den Straßen unterwegs sind, ist der Airbag also keine Lösung.

Andere Systeme wollen nicht die Aufprallenergie reduzieren, sondern den Fahrer beim Unfall abheben lassen. Das Luftkissen wirkt dabei als eine Art Rampe, die den Fahrer steil nach oben über das Auto fliegen lässt. Auf der anderen Seite des Unfallwagens kommt man dann zwar auch nicht gerade sanft zur Landung, das ist aber immer noch besser, als an der kritischen Dachkante des Autos hängen zu bleiben. Außerdem könnten sich ja bei der Landung auf dem Asphalt weitere Airbags auftun – in der Kleidung und im Helm. Doch die ersten Versuche in dieser Richtung fielen unbefriedigend aus. Mal lösten die Sensoren nicht schnell genug aus, mal schränkten die zusammengefalteten Luftkissen die Bewegungsfreiheit der Fahrer stark ein und wurden so selbst zu einem Sicherheitsrisiko. Der ADAC rät in der Konsequenz, Kleidung mit Airbags nur als Ergänzung zu konventioneller Schutzkleidung und zu Protektoren zu tragen. Die Entwicklungsingenieure der Hersteller werden noch eine ganze Menge Luftballons aufblasen müssen, bis auch für Motorradfahrer gilt, was bei Autofahrern Standard ist und jährlich sehr viele Leben rettet.

Weil Naturgewalten walten

Wenn gleich bei der allerersten Motorradfahrt im Leben der Gaszug klemmt oder der Vergaser einen Defekt hat und die Maschine in Höchstgeschwindigkeit auf lauter harte Ziele am Rand der Straße zuschießt – auf Bäume und Laternen, Häuser und Autos –, dann beschließen die Überlebenden in den meisten Fällen, für die nächste Zeit erst einmal die Finger von motorisierten Zweirädern zu lassen.

Bei Ilse Thouret war es anders. Sie startete 1927 zu ihrer ersten Alleinfahrt mit einer 750er Mabeco. Nach ein paar Kilometern ließ sich der Vergaser des Indian-Nachbaus nicht mehr regulieren und die 30-Jährige schoss mit rasender Geschwindigkeit auf die Ewigkeit zu, wie sie später sagte. Irgendwie brachte die Motorrad-Debütantin die schwere Maschine unversehrt zum Stehen und wusste in diesem Moment: Das ist es, davon will ich ab jetzt mehr!

Die zweifache Mutter verspürte in diesem Augenblick die große Sehnsucht nach dem Rausch der Geschwindigkeit, wie sie es ausdrückte, den Naturgewalten nah zu sein und die Entwicklung der Technik ganz unmittelbar zu erleben.

Der Spaß an Speed und Sport kommt selten von ungefähr. Auch Ilse Thouret, 1897 in Hamburg geboren, war ein absoluter Sportfreak. Mit elf Jahren gewann sie die Hamburger Turnmeisterschaften und versuchte sich mit Erfolg als Kanutin, im Siebenkampf sowie als Hockeyspielerin. In den 1920ern war sie Mitglied der Deutschen Hockey-Auswahl und wurde in den 1930ern deren Trainerin.

Nebenher fuhr sie Rennen, wenn man sie ließ. Oft war es ihr trotz brillanter Trainingszeiten nicht gestattet zu starten, weil die Funktionäre bei den eigentlichen Rennen keine Frauen zulassen wollten. Das sei ja viel zu gefährlich für eine Frau, lautete das verlogene Argument, das sich so fürsorglich gab. Wenn sie schon nicht auf den Rennpisten starten durfte, so fuhr sie eben im Gelände und gewann das Heidbergrennen in der Gespannklasse mit einem DKW-Gespann.

Ende der 1930er fuhr sie Auto-Ralleys und startete bei der Rallye Balkanique mit einem Hanomag. Endlich sprangen auch die Sportfunktionäre über ihre Altmänner-Schatten und behängten die Supersportlerin mit Auszeichnungen und Lametta aller Art. Ach ja, Mutter war Ilse Thouret auch noch. Ihre Töchter Anneliese und Elga erbten das Motorsport-Gen und starteten mit der Mama als Thouret-Trio bei Wettbewerben mit Rollern von NSU und Vespa.

Ilse Thouret ist bereits über 60, als sie mit einem DKW-Geländewagen vom Typ Munga aufbricht und 17.000 Kilometer quer durch den afrikanischen Kontinent zurücklegt. Das hatte sie gemeint, als sie davon sprach, den Wind im Gesicht spüren und wissen zu wollen, was es bedeutet, zu siegen und zu verlieren. Sie wusste, dass das für eine Frau ein schwerer Weg sein würde, aber sie ist ihn bedingungslos gegangen.

weil zweimal dieselbe strecke nicht das gleiche ist

Zu den Dingen, die man einmal im Leben gemacht haben sollte, gehört eine Reise um die Welt. Am besten unternimmt man sie allein. Nur kommt man so selten dazu: kein Geld, keine Zeit, kein Mut, keine vernünftigen Schuhe. Wer aber die Welt tatsächlich bereist hat, kommt in den meisten Fällen als ein anderer Mensch zurück, der viel zu erzählen hat und eines Tages zufrieden in den Sarg steigen darf.

Zu den wenigen Menschen, die mit dem Motorrad um die Welt reisten, gehört Ted Simon – und das gleich zweimal. Zwischen beiden Touren lagen knapp drei Jahrzehnte. Die erste Weltreise unternahm er mit 42 Jahren, beim zweiten Mal war er siebzig Jahre alt.

Simon startete jeweils von seiner Heimatstadt London aus nach Nordafrika, um von dort die Ostküste des afrikanischen Kontinents hinunterzufahren. Von Afrika ging's weiter nach Südamerika, die Ostküste runter, die Westküste rauf und über Panama nach Mexiko. Danach fuhr er bis nach San Francisco und rüber nach Australien – einmal gegen den Uhrzeigersinn um den ganzen Kontinent rum –, dann zog Simon weiter nach Singapur. Über Asien ging's wieder heim Richtung Europa – durch Indien, den Iran und die Türkei. Nach vier Jahren und 78.000 Meilen war der Journalist, der unter anderem für die altehrwürdige *Times* tätig war, wieder auf der Insel. Unter dem Titel *Jupiters Fahrt* schrieb er ein Buch über seine Reise um die Welt, das zu einem internationalen Bestseller wurde.

2001 bricht er erneut auf. Er will sehen was sich in den vergangenen Jahren geändert hat. War er beim ersten Mal mit einer Triumph unterwegs, so ist es bei der zweiten Tour eine BMW R

80 GS. Damit ist er zweieinhalb Jahre in fast fünfzig Ländern unterwegs. Wieder schreibt er ein Buch. Er nennt es *Jupiters Träume*. Es hat einen melancholischeren Ton als sein erster Bestseller. Geschuldet ist die Wehmut den massiven Veränderungen in der Welt, die er so nicht erwartet hatte. Doch inzwischen waren ja auch vier Milliarden Menschen auf dem Planeten dazugekommen und so waren die einsamen Strände der ersten Reise diesmal alles andere als einsam und die westliche Kultur hatte sich fast überall ausgebreitet.

Den Entschluss zur ersten Weltreise hatte er nach einem Fernsehbericht gefasst, in dem es um das Leben armer Fischer im Südpazifik ging. Doch die Männer auf dem Bildschirm sahen alle gesund und glücklich aus. Ted Simon wollte diesem Widerspruch auf den Grund gehen. »Wenn man die Welt wirklich kennenlernen will, muss man sich sehr langsam fortbewegen. Du musst ein Gefühl für die Distanzen bekommen, die du zurücklegst«, erklärt er seine Reisephilosophie. »Man fährt los und sieht zu, wie weit man kommt, bis es dunkel wird.« In kleinen Dörfern habe er immer viel mehr erlebt als in den großen Städten, sagt er.

In Chile hatte sich der 1931 in Deutschland geborene Sohn einer deutschen Kommunistin und eines rumänischen Juden verliebt. Auch diese Liebe von einst wollte er drei Jahrzehnte später wiedersehen, was ein ziemlich riskantes Vorhaben ist. Besteht doch die Möglichkeit, dass mindestens einer über die Veränderungen des anderen entsetzt sein könnte. Doch Simon hatte sich wacker gehalten und Malú, seine Chilenin, habe ihn erneut umgehauen, erklärt er: Eine wunderschöne grauhaarige Umweltaktivistin in Cargohosen habe vor ihm gestanden.

Ted Simon hat die ganze Welt gesehen – auch deren Krankenhäuser, in denen er nach Motorradunfällen landete, und Gefängnisse, die er nach willkürlichen Verhaftungen in Ländern mit Diktaturen kennenlernte. Einen Lieblingsort auf der Erde hat er auch gefunden: die kolumbianische Hochebene – Kaffeeplantagen, wohin der Blick auch schweift, hier der Pazifik, dort die Karibik und mittendrin der Amazonas. »Es gibt keinen schöneren Ort«, beteuerte der Abenteurer in einem Interview mit der *Zeit*. Als ihn dann aber auf den letzten Kilometern seiner zweiten großen Fahrt in London eine große Motorradeskorte in Empfang nahm und zu seinem Lieblings-Pub begleitete, hat ihn das auch gefreut.

Weil man doch auf sand bauen kann

785 Rennsiege, 36 Bahnrekorde und 65 Knochenbrüche – das ist die schöne Quote von Egon Müller, dem besten deutschen Speedway-Fahrer aller Zeiten. Müller, 1948 in Kiel geboren, fuhr schon Motorrad, da konnte er kaum laufen. Das jüngste von zwölf Kindern einer Musikerfamilie war schon als Zweijähriger motorradbesessen und bekam vom Vater eine mehr oder weniger schrottreife Victoria geschenkt. Mit der fuhr der Elfjährige auch heimlich zur Schule, das Moped im Gebüsch immer gut versteckt. 1964 fuhr der damals 16-Jährige – immer noch ohne Fahrerlaubnis – sein erstes Rennen in Mönkeberg. Mit 17 ist er Trial-Fahrer und tritt mit einer Feuershow auf, mit 21 zieht's ihn auf die Bahn – nicht die schiefe, sondern die sandige. An sieben WM-Finales hat er teilgenommen und 1983 wurde er im ostfriesischen Motodrom Halbemond vor 45.000 enthusiastischen Zuschauern der erste deutsche Speedway-Weltmeister. 1974, 1975 und 1978 war er bereits Langbahnweltmeister gewesen, doch der Erfolg im September 1983 war sein größter und schönster. Unmittelbar nach diesem Erfolg fuhr der gelernte Zweiradmechaniker nach Mainz zum ZDF: Er wollte den damaligen Sportchef und *Sportstudio*-Moderator Hajo Friedrichs sprechen und sich selbst ins *Aktuelle Sportstudio* einladen. Doch Speedway war Randsportart und Friedrichs zunächst nicht zu begeistern. Er sei gerade Weltmeister geworden, soll Müller entgegnet haben, ob er vielleicht erst Mars-Meister werden müsse, um ins *Sportstudio* eingeladen zu werden. Zwei Wochen später saß Müller im *Aktuellen Sportstudio*.

Nach 33 Profi-Jahren startete Egon Müller 1997 in Jübek zu seinem letzten Rennen. Vielleicht wäre er sogar noch erfolgreicher gewesen, hätte er nicht noch eine zweite große Leidenschaft gehabt: die Liebe zur Musik. Unter dem wunderbar unbescheidenen Künstlernamen Amadeus Liszt spielte Müller Songs ein, die – anders als es sein Künstlername vermuten lässt – mit Klassik nun aber auch gar nichts zu tun hatten. Seine Smash-Hits hießen *Rock'n'rollin' Speedwayman*, *Win the Race* oder *The devil wins*. Grandios gestaltete sich sein Auftritt im gelben Renn-Overall bei einer ZDF-Show mit *Win the Race*, heute noch ein gern angeklickter Knüller bei YouTube. Stampfende Disco-Mucke in bester Modern-Talking-Tradition, dazu bewegt sich Müller alias Amadeus Liszt mit feiner blonder Fönmähne knallhart am Rhythmus vorbei.

Wäre Egon Müller so gefahren, wie Amadeus Liszt tanzte, er wäre in der ersten Kurve geradeaus gefahren und nie wieder gesehen worden. »Einer kann immer etwas besser«, lautete Müllers Motto. Bei seinen musikalischen Ausflügen hat er das nicht beherzigt. Heute betreut Müller glücklicherweise keinen Sänger-, sondern den Speedway-Nachwuchs. Als Tuner leistet sein Know-how einer ganzen Reihe von Youngstern wertvolle Dienste. Geld verdient man damit nicht, dafür hat er aber gleich fünf Brotberufe: Müller bezeichnet sich als kaufmännischen Handelsvertreter, Immobilienverwalter, Autohändler, Event-Manager und Moderator. Ein Weltmeister, der zweimal dieselbe Frau heiratet, bekommt das alles locker unter einen Hut.

Weil Evel Knievel einen irren Rekord hält

Die amerikanische Motorradstuntlegende Evel Knievel schaffte es mit einem ganz speziellen Weltrekord ins *Guinness Buch der Rekorde*. Nicht etwa mit den meisten geschrotteten Maschinen und auch nicht mit der Anzahl seiner Stunts – auch wenn er in beiden Sparten ebenfalls rekordverdächtig war. Nein, Knievel reüssierte in der Sparte »Die meisten Knochenbrüche«. Mit dieser Sammlung der etwas anderen Art ging es Mitte der 1960er los. Zunächst zeigte Evel Knievel, der eigentlich Robert Craig Knievel Jr. hieß und als Nachfahre deutscher Auswanderer 1938 in Montana das Licht der Welt erblickte, mit *Evel Knievel's Motorcycle Daredevils* spektakuläre Motorrad-Shows. Ab 1966 fuhr er als Solist und füllte ganze Stadien.

Allein Silvester 1967 fügte er bei dem gescheiterten Versuch, über die Brunnenanlage des Caesars Palace in Las Vegas zu springen, seiner Sammlung gebrochener Knochen auf einen Schlag vierzig knackige Brüche hinzu. Auf den einschlägigen Videoportalen im Internet können alle Interessierten, die damals nicht dabei sein konnten, in Zeitlupe mitzählen und raten, welcher Knochen gerade bricht, wenn Knievel in seinem weißen, sternenbesetzten Overall durch die Luft gewirbelt wird. Wieder und wieder schlägt sein Körper auf, nachdem er nach etwas zu kurzem Sprung mit seiner Triumph Bonneville T120 an der Rampe hängen geblieben war. 2000 Jahre nach den Gladiatoren-Kämpfen im alten Rom scheint der Nervenkitzel ungebrochen, mit wohligem Schauer aus sicherer Entfernung Menschen dabei zuzuschauen, wie sie mit ihrem Leben spielen. Das wusste Knievel zu genau, der sich auch als »The Last Gladiator« vermarkten – und verfilmen – ließ.

Bis zum Ende seiner Karriere brachte es Knievel auf sagenhafte 433 Knochenbrüche, die ihm schließlich den *Guinnessbuch*-Eintrag bescherten. Angefangen vom kleinen Finger über sämtliche Rippen bis zur Hüfte, die er sich am 31. Mai 1975 im Londoner Wembley-Stadion vor 90.000 Zuschauern, darunter Keith Moon von The Who, brach. Knievel, den kein Lebensversicherer mehr unter Vertrag nehmen wollte, hatte versucht, über 13 Busse zu springen. Gleich nach diesem Stunt trat der Verletzte schwer gezeichnet vor die Mikrofone und erklärte seinen Fans im Stadion, dass sie die Letzten waren, die einen Evel-Knievel-Sprung live verfolgen konnten. Das war wohl eine Verabschiedung unter Schock, denn einige Wochen später flog Knievel wieder durch die Lüfte.

Bis zum endgültigen Karriereende Anfang der 1980er habe er rund 60 Millionen Dollar mit seinen Shows verdient, erzählte Knievel später, und 63 Millionen ausgegeben. Da bleibt einem wohl nur noch die Hoffnung auf Gott und so wurde Knievel, der zeitlebens ein großer Sünder war, noch ein tief religiöser Mensch. Die späte Dankbarkeit, einige Dutzend lebensgefährliche Unfälle überlebt zu haben, spielte gewiss auch eine Rolle beim Wandel vom Stuntgott zum Gottesfürchtigen.

2007 starb Knievel eher unspektakulär mit 69 Jahren im Rentnerparadies Florida an Lungenversagen. Doch dem unkaputtbaren Stuntman wurde nicht nur im *Guinnessbuch* ein Denkmal gesetzt, Hollywood hat sein Leben verfilmt, eine Spielautomatenfirma hat 1977 den ersten vollelektronischen Flipperautomaten Evel Knievel getauft und in dem Bond-Film *Der Mann mit dem goldenen Colt* fragt Roger Moore vor einer spektakulären Szene ironisch: »Schon mal was von Evel Knievel gehört?«

Kapitel 8

Traummaschinen

Mit über 300 km/h über den Salzsee zu brettern
ist einfach unbeschreiblich. Du bist in einem absoluten
Rausch, es passiert unglaublich viel gleichzeitig.

LESLIE PORTERFIELD

Weil vier Räder eins zu viel sind

Vier Räder sind definitiv eins zu viel. Davon sind Gespannfahrer felsenfest überzeugt. Drei reichen für Stabilität, Speed und Spaß völlig aus. Das war immer schon so. Zunächst war der Beiwagen (oder Seitenwagen oder auch Boot) ein praktisches Gerät, um mit dem Motorrad Lasten oder einen weiteren Passagier (Hund, Katze, Mutter) zu transportieren – eine vergleichsweise preiswerte Lösung, viel billiger jedenfalls als die Anschaffung eines Autos. Vor Beginn des Zweiten Weltkriegs waren auf den deutschen Straßen schon 15.000 Gespanne unterwegs: als Taxi, als Lieferfahrzeug, als Kleinfamilienkutsche. Fast alle damaligen Hersteller bauten gespanntaugliche Motorräder, an denen mit wenig Aufwand und meistens an der rechten Seite die Beiwagen angebracht werden konnten.

Sehr gute Autofahrer und auch die besten Motorradfahrer brillieren nicht zwangsläufig auch am Lenker eines Gespanns. Das ganze Gefährt ist asymmetrisch und eine Linkskurve wird anders gefahren als eine Rechtskurve. Bei zu viel Schwung in Linkskurven hebt das Boot ab, zu viel Tempo bei Rechtskurven kann das Hinterrad des Motorrads anheben. Dann will das Fahrzeug auch noch permanent nach rechts, weil der Beiwagen keinen eigenen Antrieb hat – es ist schon ein ganz eigener Kosmos, in dem Dreiräder regieren. Wenn man damit fahren kann, dann kann man auch Rennen fahren. Und wenn man mit Gespannen besonders gut Rennen fahren kann, dann heißt man Max Deubel, Klaus Enders oder Rolf Steinhausen. Letzterer war 1975 und 1976 Weltmeister, danach waren es vor allem die Briten, die mit drei Rädern und zumeist Suzuki-Gespannen am schnellsten unterwegs waren und ihre Beifahrer zu Spiderman-ähnlicher Akrobatik nötigten. Wie bei einer Regatta hängen die Beifahrer in scharfen Kurven aus ihrem Beiwagen, um mit Gewichtsverlagerungen für eine optimale Performance zu sorgen, oder sie hängen ihrem Fahrer auf der Pelle, wenn's in die andere Richtung geht.

Besondere Gespannspezialitäten für die Straße kommen seit Ewigkeiten aus dem Ural. Die Firma gleichen Namens hatte zu Beginn des Zweiten Weltkriegs im Rahmen des Hitler-Stalin-Pakts die Lizenz zum Nachbau der BMW R 71 erworben. Kurz danach überfiel Hitler-Deutschland Stalins Sowjetunion und der Nachbau zog in den Kampf gegen den eben noch Verbündeten. Auch nach Kriegsende wurde vor allem für die Rote Armee produziert, in den 1960ern aber war der Krieg auch für die unverwüstlichen Geräte aus Irbit im Ural endlich zu Ende und es durften die zivilen Märkte damit beglückt werden.

Sogar das Ende der Sowjetunion überstanden die »Dreiradfahrzeuge«, wie die Dinger in der DDR genannt wurden, erstaunlich gut. Seit 1998 ist Ural privatisiert und liefert munter Gespanne an die Gespanngemeinde in der ganzen Welt aus: Drei Millionen Stück haben Irbit inzwischen verlassen.

Jedes Jahr kommt eine launige Sonderedition auf den Weltmarkt: 2009 eine rot glänzende Red October, die angeblich dem Hollywood-Film gewidmet war und weniger der Revolution von 1917. Im Jahr 2010 wurde eine Snow Leopard in limitierter Auflage aufgelegt, natürlich weiß lackiert und mit hübscher Raubtierzeichnung auf dem Beiwagen. 2011 folgte das Jubiläums-Modell zum siebzigsten Geburtstag der sibirischen Traditionsmarke.

Die luftgekühlten Zweizylinder-Viertakt-Boxermotoren haben allesamt 750 ccm und 29 kW, vier Vorwärts- und einen Rückwärtsgang. Das Schönste aber ist, dass jede Ural, auch die allerneuste, so aussieht, als wäre sie noch vor dem Krieg gebaut worden und hätte sich nur bis eben mit der Auslieferung gedulden müssen, um dann selbstständig vom Werk im Ural zum Käufer zu fahren.

Weil es ganz große Kunst ist

Wer sich ein Motorrad von Chabott Engineering zulegen möchte, braucht eine sechsstellige Summe, sehr viel Zeit und Gottvertrauen. Oder besser Vertrauen in die Eingebungen und Fertigkeiten von Shinya Kimura. Der in Los Angeles arbeitende und lebende Japaner ist ein Künstler. Und Künstler sollten schließlich nicht von ihren Auftraggebern und Mäzenen unter Zeitdruck gesetzt werden, wenn man von ihnen das Kunstwerk haben möchte, für das man sie ja ausgesucht hat. Kimura baut aus alten Motorrädern, die eh schon zu den schönsten ihrer jeweiligen Ära zählen, fahrbereite Motorradskulpturen. Jede Schraube, jedes Element geht durch seine Hände und wird veredelt, manchmal ersetzt durch Schlichteres, wenn es dadurch an Wert gewinnt, manchmal aber auch weggelassen, wenn es dem Objekt dient, von dem selbst Kimura zu Beginn des kreativen Prozesses nicht weiß, wie es nach vielen Monaten aussehen wird.

Wenn Kimura endlich fertig ist, ist er es immer noch nicht ganz. Denn nach Auffassung des Künstlers mit den schulterlangen Haaren und dem Bilderstürmer-Bart werden seine Motorräder erst mit ihrem Fahrer zu einer geschlossenen Einheit. Kimura schaut sich seine Kunden lange an und spricht mit ihnen über Musik, über Essen, über das Leben. Vorher nimmt er kein Blech und keinen Hammer in die Hand.

Wer mit – oder auch ohne – 100.000 Dollar Spielgeld in der Tasche schauen möchte, wie der Japaner tickt, sollte zunächst die Homepage von Chabott Engineering besuchen. Auch deren Gestaltung steht ganz im Zeichen des Zitats von Frank Lloyd Wright, das sogleich erscheint: »The elimination of the insignificant« – »Die Beseitigung des Unwesentlichen«. Darunter sieht man das Foto eines Motorradfahrers in Rennposition auf einer nicht näher zu identifizierenden Maschine, der aus der Sonne kommend durch eine unendlich weite Landschaft zu fahren scheint. Auf Kimuras extrem reduzierter Homepage wird der Betrachter dann um eine Entscheidung gebeten: »Motorcycle« oder »No Motorcycle«. Letzteres ist in kleiner Schrift gehalten und zeigt unter anderem Lampen- und Vasenkreationen, die keiner Zeit und keiner Richtung zuzuordnen sind. Doch das ist gar nichts gegen das, was den Betrachter erwartet, wenn er »Motorcycle« anklickt: Hier findet er Maschinen fast aller Hersteller, wenn sie nur quasi per Geburt Charakter haben, die nun, nachdem der sanfte und leise Japaner Hand an- oder aufgelegt hat, wirken, als sei ihre Seele freigelegt worden. Studiert hat der 1962 in Tokio geborene Kimura Entomologie – Insektenforschung. Kimura sieht Schönheit dort, wo andere achtlos vorbeigehen.

Weil Wankelmütige wissen, was sie wollen

Als sie irgendwann in der zweiten Hälfte der 1970er vor der Schulaula stand, dort, wo alle Mofas, Kleinkrafträder und sogar schon einige wenige Motorräder abgestellt waren, bildete sich eine große Traube von Fünft- und Sechstklässlern. So was hatte noch keiner der Jungs gesehen. Der Markenname auf dem Tank war ja bekannt: Hercules, die bauten super Mofas. Aber was war das denn für ein Motor, neben dem auf der Abdeckung unter der Sitzbank das Wort »Wankel« stand?! Vorn ein riesiger Ansaugstutzen, eine Mischung aus Omas Kuchenform und der Turbine eines Starfighters, dahinter ein Aggregat, mit dem man vielleicht Schneemobile antreiben konnte, aber doch kein Motorrad! Genauso war es ja auch, der Wankelmotor zeigte bereits in Motorschlitten und Schneekatzen seine Stärke, aber in einem Motorrad wirkte das unförmige Teil, Spitzname Staubsauger, seltsam fremd. Und klein. Der Wankelmotor füllte den Rahmen nicht recht aus, weil er mit vergleichsweise wenig Bauteilen auskommt, sodass die Fünftklässler zwischen Motor und Tank durchgucken konnten, wenn sie sich auf ihren Ranzen setzten.

Hercules baute bereits seit Ende des 19. Jahrhunderts Zweiräder und wollte mit einem Motorrad mit Wankelmotor etwas Neues wagen, mit einem Motor, bei dem die Verbrennungsenergie ohne den Umweg einer Hubbewegung direkt in eine Drehbewegung umgesetzt wird. Als das Traditionsunternehmen 1970 auf der Internationalen Fahrrad- und Motorradausstellung in Köln eine Studie vorstellte, war die Aufmerksamkeit dann auch groß. Dem präsentierten Motorrad war ein Schneemobil-Wankelmotor von Sachs in den von Hercules entwickelten Rahmen gebaut worden. Das große Interesse an der Maschine ermutigte Sachs und Hercules, eine erste kleine Testserie zu bauen. Zunächst wurden fünfzig Wankel-Motorräder gebaut und 1973 an die Händler geliefert. Das Ganze diente als Feld-, Wald- und Straßenversuch, denn die Tüftler aus Nürnberg wollten mit der konsequent in Hercules-gelb lackierten Wankel 2000 für anschließende größere Serien ausgiebig praktische Erfahrungen sammeln. Doch statt in aller Ruhe zu erproben und Schwachstellen zu beseitigen, setzte sich Hercules selbst unter Druck. Es war bekannt geworden, dass auch Yamaha und Suzuki mit Wankelmotoren experimentierten und auch ein deutsches Unternehmen probierte Felix Wankels Erfindung aus: MZ in der DDR. Nach dem Sputnik-Schock – die Sowjets hatten die erste Rakete ins All geschossen und die westliche Welt für kurze Zeit in Panik versetzt – wollte man weder einen Wankel-Schock noch die Japaner vorbeiziehen lassen. Hercules wollte um jeden Preis das erste Serienmotorrad mit Wankelmotor produzieren, so war die neue, um zwei auf 27 PS verstärkte zweite Wankel-Serie nun zwar in einem schönen Karminrot erhältlich, dafür aber technisch nicht ausgereift. Die Anpassung des Schneemobilantriebs an ein Motorrad war nicht wirklich geglückt und es kam häufig zu Motorschäden.

Bei der 1976 eingeführten Wankel 2000 Injection als dritter Serie waren die meisten Fehler zwar behoben, doch das Image des Bikes war bereits so ramponiert wie zeitgleich das von Uli Hoeneß kurz nach seinem verschossenen Elfmeter beim Finale der Europameisterschaft in Belgrad. Ungünstig war auch, dass Hercules eben kein klassischer Motorradbauer war. Die Händler verkauften Fahrräder und Mofas – da lag ihre Kompetenz und etwas anderes erwarteten die meisten Hercules-Kunden auch gar nicht. So landeten die Motorräder oft irgendwo im Lager und werden dort immer mal wieder mit einem Kilometerstand von null quasi im Neuzustand gefunden. Ein beständiger Kreis von Wankel-Fans setzt sich dann umgehend in Bewegung, um den Schatz mit dem Rotationskolbenmotor zu bergen.

Weil strom aus der steckdose kommt

In einer fernen Vergangenheit waren die Motorräder der Marke Münch ganz weit vorn. Mitte der 1960er zeigte Konstrukteur Friedel Münch der Welt, was technisch möglich ist, als er eine neuartige Straßenmaschine mit irrwitzigen eintausend Kubikzentimetern vorstellte. Allen anderen Konstrukteuren blieb nichts anderes übrig, als ebenfalls genau diesen Weg zu fahren, den Münch mit der Mammut großzügig planiert hatte.

Bald ein halbes Jahrhundert später werden unter dem Namen Münch wieder Motorräder gebaut, die erneut ein Fingerzeig in die Zukunft sein könnten. Es sind Bikes mit Elektromotoren, gebaut für höchste Ansprüche, denn es geht um Rennmaschinen. 2009, also 102 Jahre nach dem ersten Motorradrennen der Welt, wurde der erste Grand Prix für elektrisch betriebene Motorräder ins Leben gerufen. Ein Jahr später folgte der Weltverband FIM mit der e-Power International Championship, erstmals gefahren im April 2010 beim 24-Stunden-Rennen von Le Mans. Dort konnte in direkter Nähe zu den Benziner-Rennen beobachtet werden, wie sich die E-Szene entwickelt.

Die Daten der Münch TTE-1 müssen nicht versteckt werden: In der Spitze wird eine Leistung von 90 kW bei rund 70 Nm Drehmoment erreicht, die Höchstgeschwindigkeit beträgt 240 km/h. Nach ungefähr 200 Kilometern sind die 1680 Zellen des Lithium-Mangan-Akkus leer und müssen vier Stunden lang wieder aufgeladen werden. Das ist die entscheidende Frage beim Elektromotor und seinen Batterien: Wie bekomme ich längere Laufzeiten bei kürzeren Ladezeiten hin? In den Städten ist dieses Problem besser zu handeln als auf dem Land und so wird die Zukunft der E-Bikes zunächst auch in den Städten liegen.

Praktisch emissionsfrei – jedenfalls vor Ort, wo sie zum Einsatz kommen – können E-Bikes eine Antwort auf die Frage sein, wie der Smog in den Citys minimiert werden kann. Darauf setzt auch ein Hersteller in Suhl mit der elektrischen Schwalbe, die den nicht nur in Ostdeutschland innig geliebten Zweitakt-Stinker von Simson beerben soll. Die Österreicher von KTM testen ebenfalls ausgiebig, was möglich ist, wenn Strom statt Sprit fließt. Angepeilt wird die Enduro-Szene, denn lärmbelästigte Anwohner drängen die Fahrer zunehmend aus dem Gelände.

Die KTM Freeride gibt's mit Verbrennungsmotor und als batteriegetriebenes Gerät. Letztere ist nicht nur deutlich leiser, sie ist auch leichter. Die Tage, in denen Akkus das Gewicht von Panzerplatten hatten, sind gezählt.

Bleibt noch das Problem der Akzeptanz: Der wundervolle Klang, der von Ein- bis Vierzylinder-Motoren auf die Straße getragen wird, ist einem auspufflosen E-Motor nicht zu entlocken, das Handling der Eingang-Maschinen ist ein anderes, der Geruch auch. Machen wir uns nichts vor: Die meisten Biker, selbst auf den modernsten Geschossen, sind sentimental – Romantiker mit Protektoren. Da werden die Duracell-Hasen auf zwei Rädern ihre Qualitäten und Vorzüge noch stärker anpreisen müssen.

weil man tote zum Leben erwecken kann

Kann man zum Leben erwecken, was so richtig tot ist, also so tot, dass auch kein Körnchen Staub und keine Asche mehr zu finden ist? So wie beispielsweise das Berliner Stadtschloss. Ist das nach einem Neubau wirklich wieder das Stadtschloss, wie es einst von Preußens Gloria zeugte, oder ist es dann Disneyland, eine Attrappe, eine billige Illusion für teures Geld? Bei der Frauenkirche in Dresden wurden ja wenigstens noch die Originalsteine verbaut, die ordentlich nummeriert jahrelang an Ort und Stelle auf einem Häufchen lagen. Was bei Kulturdenkmälern schon eine schwierige Entscheidung ist, macht es bei Kultmarken nicht viel einfacher. Es gibt eine lange Reihe von Motorradmarken, die Geschichte sind. Oldtimer von DKW und NSU bewegen sich als bewunderte Legenden über die Straßen und ihre stolzen Besitzer wissen, dass sie etwas Einmaliges fahren, das es nie wieder geben wird. 1956 beendete Horex die Herstellung von Maschinen, die heute einem Fetisch schon sehr nahe kommen. 1957 waren bei Adler die Lichter in der Motorradproduktion für immer ausgeschaltet worden. 1958 stellte Ardie den Bau seiner glorreichen Motorräder ein.

1923 hatte Fritz Kleemann die erste Horex in die Welt geschickt, drei Jahrzehnte lang verließ eine wunderbare Maschine nach der anderen die Fertigungshallen. Doch Mitte der 50er wurden Autos erschwinglich, als nüchternes Fortbewegungsmittel war das Motorrad nicht mehr gefragt. Mit Daimler-Benz war es dann auch ein Autobauer, der 1960 mit der Übernahme des Unternehmens das Ende einer einzigartigen Geschichte besiegelte. Was blieb, war der Name, der in den Ohren von Motorradliebhabern wie ein Weihnachtsglöckchen klingt. Das wusste auch der geniale Konstrukteur Friedel Münch, der sich die Namensrechte sicherte und immerhin in den 1970ern mit der Horex 1400 TI eine Maschine unter diesem Namen baute, wenn auch in Einzelanfertigungen. 30.000 Mark waren der exorbitante Preis seiner handgefertigten Turbo-Horex. So viel Geld wollten aber nur wenige Fans ausgeben, gerade mal drei Maschinen verließen die Werkstatt des Meisters.

Die Namensrechte reisten indessen weiter: Der Motorrad-Importeur Fritz Röth kaufte Münch den ruhmreichen Namen ab, doch unter Horex tummeln sich beim Deutschen Patent- und Markenamt auch Hersteller von Christbaumschmuck, Kinderfahrrädern, Putzmitteln und Sekt. 2007 erschien eine Compact-Bike Entwicklungs GmbH mit Sitz in München im Register des Patentamts. Im Dienstleistungsverzeichnis ist festgehalten, was unter dem Namen Horex fabriziert werden soll: »Fahrzeuge, insbesondere Motorräder und deren Teile.« Hinter Compact-Bike steckte der Ingenieur Clemens Neese, der zu diesem Zeitpunkt bereits entwickelt hatte, was bisher aber noch keinen Namen hatte: ein Motorrad mit einem Sechszylinder-Motor, der V- und Reihenmotor kombiniert; die VR 6. Mit Erwerb des Markennamens Horex war Neese ein grandioser Coup geglückt, denn sein Design erfüllt die Erwartungen, die der Name auslöst. Die VR6 ist reduziert auf die Idee Motorrad, wie es reduzierter nicht geht. Ein würdiger Erbe dieses großen Namens also, auch wenn es nur ein Patenkind ist, kein leibliches. Ist die neue Horex also eine wahre Horex? Da werden die alten Fans viel zu diskutieren haben. Bis 2017 hat sich Neese fürs Erste die Namensrechte gesichert, vielleicht gelingt es ihm bis dahin, vergessen zu machen, dass es Horex einmal gar nicht mehr gab.

weil mehr nicht geht

Preisfrage: Was ist das meistverkaufte Kfz des Universums? Kleiner Tipp: Es ist weder Golf noch Käfer, es ist auch nicht der Kampfpanzer Leo 2, der als deutsches Qualitätserzeugnis ja auch eine bombige Exportbilanz vorweisen kann. Es ist nicht einmal das meistverkaufte Auto der Welt, der Toyota Corolla. Nein, es ist ein anderer Japaner. Vielmehr eine Japanerin: die Honda Super Cub. Über sechzig Millionen Kleinstmotorräder dieses Typs hat Honda seit 1958 in alle Welt verkauft. Das war der Beginn der Erfolgsgeschichte japanischer Motorräder, die den Konzern gerade mal zehn Jahre nach Gründung zu einem Global Player machten. Das ganze Konzept dieser so schlichten wie eleganten Maschine ist in ihrem Namen Cub zusammengefasst. Das Kürzel steht für *cheap urban bike*. Um die tausend Euro kostet das kleine Teil, das wie gemacht ist, um in den Rushhours der großen Citys zu glänzen. Wenn alle anderen fluchend in ihren Autos sitzen, umkurvt die Cub die zum Stillstand verdammten Blechbüchsen wie Slalomstangen.

Cheap zu sein allein erklärt die Erfolgsstory der Maschine nicht, billig können auch andere produzieren, gern zu Lasten der Qualität. Dieser japanische Roller aber gilt als extrem langlebig und leicht zu reparieren, wenn doch mal was kaputt ist. Mit der Automatik kommen auch Anfänger und Dilettanten klar und der Verbrauch macht ihre Halter fröhlich. Mit einem Liter Benzin lassen sich, wenn man es ganz entspannt angeht, mehr als 140 Kilometer zurücklegen und auch hohe Umweltstandards werden lässig gemeistert.

In Amerika kommt der Cub gar das große Verdienst zu, dem Motorrad zu einem ganz neuen, besseren Image verholfen zu haben. Bis zum Auftauchen des hübschen Bikes aus Japan galten Motorräder als Fortbewegungsmittel von Rockern und rücksichtslosen Subjekten. Dann kam leise und ohne jede aggressive Attitüde dieses ganz andere Motorrad angerollt, so freundlich, als wollte es den gängigen Klischees der japanischen Mentalität entsprechen. »You meet the nicest people on a Honda«, lautete der Slogan.

In einigen asiatischen Ländern ist die Cub im Straßenbild so präsent, dass der Name Honda zum Synonym für Motorräder wurde, so wie Tempo für Papiertaschentücher oder Maggi für undefinierbare Würzsoßen. Der Dokumentationssender Discovery Channel nahm sich vor ein paar Jahren die zehn besten Motorräder der Motorradgeschichte vor und wählte die kleine Japanerin zum »größten Motorrad aller Zeiten«. Viele Firmen bauen die Cub in Lizenz nach, selbst Konkurrent Yamaha erwarb lieber eine Lizenz, als eigene Studien durchzuführen. Honda hat das Erfolgsmodell inzwischen fürs neue Jahrtausend präpariert und lässt unter diversen Namen Nachfolger vom Fließband rollen, die zwar allesamt den genetischen Fingerabdruck des Urahns nachweisen können, aber ganz anders aussehen, moderner eben. Was in diesem Fall auch heißt: nicht mehr ganz so hübsch.

Weil's wirklich heavy ist

Kinder rufen »Boah« und gehen näher ran, die Väter zücken ihre Foto-Handys und ihre Frauen kauen grinsend Kaugummi. Das sind die üblichen Reaktionen, wenn das Panzer-Bike vorfährt. Das Ungetüm kommt stets in friedlicher Absicht, auch wenn es zu hundert Prozent aus Kriegsmaterialien gebaut ist. Jede Stange, Feder, Scheibe, Platte hat gedient. Das fast sechs Meter lange Motorrad führt einen Seitenwagen mit sich, der in einem früheren Leben der Mantel einer russischen Mittelstreckenrakete war. Als Blinker dienen kleine Marschflugkörper, die Lampe ist ein ausgedienter Suchscheinwerfer, der Tank ein 200-Liter-Fass der Kriegsmarine. Viel Treibstoff sollte auch mitgeführt werden, denn das Panzerbike schluckt wie zehn durstige Iren in der Happy Hour. Der Motor wurde gebaut, um einen russischen Kampfpanzer anzutreiben.

Tilo und Wilfried Niebel von der Harzer Bike-Schmiede bei Wernigerode im Harz haben ein anderes ästhetisches Empfinden als viele andere Zeitgenossen. Eines Tages nach Ende der DDR und Abzug der Sowjet-Truppen aus Ostdeutschland wurden in Halberstadt alte Kasernen der Roten Armee abgerissen. Dabei wurde in einem Kellerraum der Motor eines alten T34-Panzers aus dem Zweiten Weltkrieg entdeckt. Vater Wilfried Niebel und sein Sohn Tilo zogen los, den sowjetischen Technik-Koloss in Augenschein zu nehmen, und dachten synchron: Ist der schön! So schön fanden sie diesen V12-Königswellenmotor, dass sie schon bald überlegten, ob sich so ein Panzermotor nicht mit einem Motorrad kreuzen ließe. Das erste große Problem war die Anschaffung eines Panzermotors, der nicht einmal über ebay zu ordern war. Drei Jahre lang wurde recherchiert und gesucht, dann gab es einen entscheidenden Anruf und nach einer langen Reise konnte das begehrte Objekt in Empfang genommen werden: ein Panzermotor sowjetischer Bauart mit 38.000 ccm, 1.000 PS und knapp zwei Tonnen Lebendgewicht. Um diesen Motor herum ein Motorrad zu bauen dauerte zunächst viele durchgrübelte Nächte und dann 5000 Arbeitsstunden.

Weil das Mörder-Bike mit all den stählernen Aufbauten nicht unbedingt leichter wurde, bot sich ein Weltrekordversuch an, der nicht allzu viel Anstrengung erforderte: einfach mal auf eine Waage fahren und davon ausgehen, dass die Leute vom *Guinness Buch der Rekorde* auf kein Motorrad verweisen können, das schwerer ist als das aus dem Harz. Mit dem offiziellen Zertifikat von Guinness war es dann amtlich: Das Harzer Panzerbike war »the heaviest Motorcycle of the World« – das olivgrüne Riesenbaby brachte fünf Tonnen auf die Waage. Der Verbrauch ist auch rekordverdächtig: 400 Liter Diesel auf 100 km, immerhin in friedlicher Mission.

Weil David Beckham immer nur spielen möchte

Wenn David Beckham nicht gerade mit seinen Vereinskollegen trainiert, Punkt- oder Pokalspiele absolviert, dann spielt er Fußball mit seinen Söhnen oder Kumpels. So ist das mit wahren Fußballern: Wenn sie einen Ball sehen, gibt's kein Halten mehr, sie wollen immer spielen und am liebsten ein Leben lang kurze Hosen tragen. Noch schöner ist es, wenn Verspieltheit auch noch mit dreißig Millionen im Jahr versüßt wird, obwohl man auch ohne Geld spielen würde, weil's so viel Spaß macht. Wenn das Geld aber schon mal da ist, will es auch ausgeben werden, für Spielzeug beispielsweise. Ein iPhone von Dior für ein paar Tausend Euro für die Gemahlin bietet sich da an, für den Sohnemann ein Kinderauto von Porsche für den Preis eines Golfs oder Papi stellt sich selbst mal wieder was Schönes in die Garage. Zum Beispiel eine F 131 Hellcat Combat des amerikanischen Herstellers Confederate Motorcycles. Wer so viel Kohle wie Beckham und Gattin Victoria unterm Kopfkissen hat, bekommt ein fast schon bemitleidenswertes Ausgabenproblem: Es kommt immer mehr Kohle rein, als man ausgeben kann. Also müssen ganz spezielle Kriterien beim Shoppen her. Das eine Kriterium ist Exklusivität – und diesen Gefallen tut die F 131 ihren Besitzern, denn die Maschine wird in streng limitierten Stückzahlen ausgeliefert, als wäre es eine handsignierte Lithografie von Gerhard Richter oder ein Druck von Lucian Freud. Dass die F 131 fast 70.000 Dollar kostet, das allein ist für einen Beckham kein wirkliches Attribut von Exklusivität, denn für den Preis muss er sich nur einmal für ein paar Minuten die Fußballschühchen schnüren. Exklusiv aber sind auch die Materialien, die in der F 131 Verwendung finden, vor allem der Stoff, aus dem die Maschine fast komplett besteht: Aluminium. Nur da, wo es erforderlich war, wurden andere Materialien dem teuren Metall vorgezogen. Auf hartem Alu sitzen möchte ja auch wirklich keiner.

Der Name der Maschine ist eine Leihgabe aus dem Krieg. Eines der erfolgreichsten Kampfflugzeuge, das die Amerikaner im Zweiten Weltkrieg einsetzten, war die F6F Hellcat des Flugzeugbauers Grumman. Das einmotorige Flugzeug kam vorwiegend im Pazifik auf Flugzeugträgern zum Einsatz. Grumman bedient sich gern bei Katzennamen – so hieß das Vorgängermodell Wildcat und bis in die Gegenwart startet der Überschall-Kampfjet Tomcat von Flugzeugträgern in allen Weltmeeren.

Auch die matt-olive Lackierung des Motorrads, mit dem Beckham und Freunde ihre Runden drehen, sowie der Namenszusatz Combat – Kampf, Gefecht – sprechen eine angriffslustige Sprache. Die Unternehmensgeschichte von Confederate ist jedoch auch eine Geschichte von schweren Niederlagen: 1992 in Baton Rouge, Louisiana, gegründet, zog die Firma ein Jahr später nach New Orleans, um ein nie da gewesenes Design zu realisieren: ganzheitlich, avantgardistisch, individualistisch und gleichzeitig pur und minimalistisch. Das erste Resultat war 1999 die Studie zur B 120 Wraith, einer V-Twin, die direkt aus der Zukunft zu kommen schien. Doch bereits 2001 ging den Machern das Geld aus, bevor sie 2005 auch noch ein Opfer von Hurrikan Katrina wurden. Confederate zog weiter nach Alabama, wo eine Handvoll Beschäftigte dreißig bis vierzig der exklusiven Bikes jährlich bauen.

Brad Pitt kaufte sich für umgerechnet 43.000 Euro eine Wraith, Beckham die Hellcat. Die Rezession in den USA macht aber auch diesem Unternehmen zu schaffen, obwohl dessen Kundschaft von Wirtschaftskrisen ungefähr so berührt wird wie ein Steinkopfadler vom Atem einer Feldmaus. Gleichwohl klagt Confederate-Boss Matt Chambers gern, dass es auch für Reiche aus Gründen der Political Correctness sehr in Mode gekommen sei, in wirtschaftlich turbulenten Zeiten den Kauf von High-End-Luxusprodukten auszusetzen. Dass sich David Beckham anders verhält, mag daran liegen, dass er von all den Krisen wirklich nichts mitbekommt – er muss ja spielen.

weil es gut angelegtes Geld ist

Das richtige Motorrad kann einen kleinen Picasso ersetzen. Freilich nur, wenn das Objekt als Geldanlage selten bis nie gefahren wird und schon gar nicht in stabiler Seitenlage über einen Kiesweg rutscht. Am besten ist es also, wenn das Motorrad bereits werksseitig vor Fahrfehlern, Unfällen, Kratzern geschützt wird, weil es im Alltag unfahrbar ist. So wie die Dodge Tomahawk, das teuerste Serienmodell der Welt. Eine halbe Million kostet ein Exponat dieser Reihe, von der nur zehn Motorräder aufgelegt wurden. Eins behielt der Hersteller, Dodge-Mutter Chrysler, selbst, die anderen neun Geräte fanden tatsächlich Abnehmer.

Als die Tomahawk 2003 bei der Detroit Motor Show vorgestellt wurde, gingen nicht nur Liebhaber eines gepflegten Artdéco-Designs auf die Knie, auch Freunde hoher Umdrehungen und großer Drehmomente weinten vor Glück. Die Leistung beträgt 372 kW, in gute alte Pferdestärken umgerechnet sind das zünftige 500 PS, bei 5800 Umdrehungen pro Minute und einem maximalen Drehmoment von 712 Nanometer. Die 680 Kilo Lebendgewicht lassen sich in 2,5 Sekunden auf 100 km/h beschleunigen, wobei beim Speed dann aber noch reichlich Luft nach oben ist. Faktisch ist annähernd die siebenfache Geschwindigkeit drin, bescheidenerweise geben die Hersteller aber lieber moderate 480 km/h als Höchstgeschwindigkeit für ihren Einsitzer mit Aluminium-Chassis an.

Als Antriebsaggregat dient dabei ein Zehnzylinder-V-Motor mit 8277 ccm Hubraum, wie Dogde ihn im Sportwagen Viper einsetzt.

Dass Dodge es mit der Straßentauglichkeit nicht so ganz ernst meint, zeigt das Fassungsvermögen des Tanks: Lausige 12,3 Liter passen ins Gefäß, das also bereits leer sein müsste, würde auch nur einmal ernsthaft mit den Fingerchen am Gasgriff gespielt – trocken gefahren noch in der Garageneinfahrt.

Vertrieben wurde das futuristische Zweispurfahrzeug weder über Chrysler-Niederlassungen noch übers Internet, sondern über einen Katalog für Luxusgegenstände. Dass die Tomahawk seltener gesichtet wird als der Yeti beim gemeinsamen Schwimmen mit dem Ungeheuer von Loch Ness, liegt nicht nur an der geringen Stückzahl. Das Gerät bekommt schlicht keine Zulassung, nirgendwo, nicht einmal im Mutterland Amerika, wo, anders als in Deutschland, im Zweifelsfall eher zugelassen statt stillgelegt wird. Die Tomahawk jedoch darf nur in privaten Hofeinfahrten geritten werden, im Schlosspark oder auf dem eigenen Flugplatz. Da wäre man echt gern mal dabei, wenn der verspielte Multimillionär in Cognac-Laune den echten Picasso von der Wand nimmt, um den Zündschlüssel der Tomahawk für eine kleine Spritztour über die hauseigene Landebahn aus dem Safe zu holen. Wahrscheinlicher ist es aber, dass es vorher doch noch zum gemeinsamen Schwimmen des fantastischen Schneemenschen mit dem schottischen Fabeltier kommt.

Weil es ohne Grenzgänger nicht geht

»Ich war mit der Gabe ausgestattet, Gedachtes auch in die Realität umzusetzen«, erklärte Friedel Münch das Geheimnis seines Lebens und seiner Lebensleistung. Vor allem aber hatte er die Gabe, Grenzen nicht anzuerkennen, weder technische noch physikalische, weder gesundheitliche noch finanzielle. Schlaganfall und Bankrott – nichts konnte das »geniale Fossil«, wie die *Süddeutsche Zeitung* den Tüftler und Erfinder einmal nannte, stoppen. Es gibt Leistungen, die nur vor dem Hintergrund ihrer Epoche und deren Möglichkeiten Respekt abverlangen, seine aber haben Bestand, solange sich Menschen auf Motorräder setzen werden.

Viele große Biografien beginnen mit »eigentlich«, so auch diese. Denn eigentlich wollte Friedel Münch, 1927 geboren, nach der Ausbildung zum Kraftfahrzeugschlosser Ingenieur werden und Flugzeugmotoren entwickeln. Doch sein Vater betrieb neben einer Tankstelle eine Horex-Vertretung und das lenkte den jungen Bastler davon ab, dass er doch »eigentlich« Flugzeugmotoren konstruieren wollte. Stattdessen schnappte sich Friedel eine Horex und schraubte so lange daran rum, bis er sie nicht mehr Horex, sondern sehr selbstbewusst Münch Spezial nennen konnte. Ausgefahren wurde sein Baby auf dem Hockenheimring, bis ein Sturz für eine erste und ernste Unterbrechung sorgte. Inzwischen aber waren auch die Horex-Werke auf das Talent aufmerksam geworden und boten ihm eine Anstellung in der Rennabteilung an.

Das Problem: Münch ist nicht abteilungstauglich; zu viele Bedenkenträger laufen da rum, es gibt zu lange Diskussionen. So wird das nie etwas mit seiner Vision eines Straßenmotorrads, das ganz anders sein soll: schneller, stärker, einmaliger. Den Motor, den er dafür braucht, sieht er eines Tages auf dem Hof unter der Motorhaube eines nagelneuen NSU Prinz. Das ist er, denkt sich Münch, als er den Vierzylinder-Reihenmotor inspiziert. Er bestellt auf der Stelle in Neckarsulm ein solches Teil und baut in gerade einmal sechs Wochen ein Motorrad drum herum. 1966 präsentiert er sein Geschöpf auf der IFMA in Köln, die Fachwelt geht vor ihrem Schöpfer auf die Knie: *The big bike was born.* Der Name auch: Münch Mammut. Doch weil die Rechte an der Bezeichnung Mammut bereits vergeben waren, heißt die Maschine offiziell Münch-4. Inoffiziell aber für alle Zeiten Mammut. In sensationellen 4,5 Sekunden beschleunigt der Koloss von null auf hundert, nach zwanzig Sekunden waren 180 km/h erreicht. Es sind nicht nur diese Fakten, die Münchs Werk einzigartig machen. Da sind auch noch die Verwendung ultraleichter (und sehr teurer) Gussmaterialien in einem Straßenmotorrad oder der geschlossene Kettenkasten mit der in Öl laufenden Kette, die locker und wartungsfrei 100.000 Kilometer hält. Und der Kaufpreis sorgt dafür, dass den 470 gebauten Motorrädern eine exklusive Käuferschar sicher ist. Der Designer Luigi Colani, US-Milliardär Malcolm Forbes und Playboy Gunther Sachs bestellten Münchs handgefertigtes Meisterstück.

Sachs fügte seinem Ruf als charmanter Flachleger mit der Mammut noch eine Facette hinzu. So sei er bei einem Ausritt mit attraktiver Begleitung in Südfrankreich in unwegsamem Gelände gestürzt. Die 300-Kilo-Maschine lag also im Farn und der kräftige Fahrer und seine fragile Gespielin hatten keine Chance, das Motorrad wieder auf die Räder zu hieven; also legten sie sich daneben.

Sein eigenes Privat- und Familienleben sei etwas zu kurz gekommen, bedauerte Münch später einmal, immerhin glückten ihm, der auch nachts aus dem Bett an die Drehbank eilte, wenn ihm wieder eine Idee kam, sechs Kinder.

Kapitel 9

Die geilsten Routen der Welt

*Ich begann mit dem Motorradfahren als ganz junger Mann.
Ich weiß nicht warum, doch irgendetwas in mir sagte,
dass es das ist, was ich tun sollte.*

GIACOMO AGOSTINI

Weil die erste Adresse am Pazifik liegt

Straßennamen gibt's, da ist sofort alles klar, da sind sofort die Bilder im Kopf: Reeperbahn, Ku'damm, Störtebekerstraße, Schwarzwaldhochstraße, A3, Jakobsweg, Broadway, Wall Street, Rambla, Malecón, Milchstraße, Beringstraße, Einbahnstraße, Sackgasse ... Und dann gibt es aber noch einen Straßennamen, der die erste unter allen Straßen, die Straße der Straßen, bezeichnet: Highway No. 1. Oder auch: California State Route 1. Oder kurz: CA 1. Die Straße entlang der Pazifikküste ist die schönste Verbindung von Nord- und Südkalifornien, wegen ihrer Schönheit auch National Scenic Byway genannt. Mit einer Länge von 655 Meilen, etwas mehr als tausend Kilometern, ist der Highway auch die längste State Route im Bundesstaat Kalifornien.

Es soll Menschen geben, die nur wegen dieser speziellen Straße den Motorradführerschein gemacht und sich eine Maschine zugelegt haben. Die Golden Gate Bridge kann man sich für das große Finale der Tour aufbewahren oder als Zwischenziel, das Goldene Tor ist aber auch ein fulminanter Auftakt für eine Fahrt, die sich auf ewig auf der Festplatte unterm Helm festbrennen wird. Schon auf der 2,8 Kilometer langen, orange gestrichenen Brücke kommen jedem Fahrer Songs in den Kopf, die nicht mehr verstummen wollen. All die Lieder, in denen San Francisco und Kalifornien besungen werden und in denen es um Freiheit und die Versprechen Amerikas geht. Auf einem Motorrad unterwegs auf dem Highway 1 versteht man, was damit gemeint ist. Alles ist groß und weit, grandios und überwältigend: die Klippen, die Strände, die Bergketten, die Palmen, der Pazifik, der Himmel darüber. An guten Tagen zeigen sich Tiere, die sonst nur auf dem Discovery Channel zu sehen sind: Wale, Pelikane, Seelöwen.

Alle paar Hundert Kilometer fangen andere Dinge die Blicke und Gedanken der Biker ein. In Carmel nahm Hemingway gerne ein paar Drinks mit Blick auf den Ozean und Clint Eastwood war hier ein paar Jahre Bürgermeister, beide amerikanische Ikonen wie die maßlos gigantischen Straßenkreuzer und Stretch-Limousinen in Malibu, die man sonst nur im Hollywood-Kino zu sehen bekommt. Hier fahren und stehen sie tatsächlich rum, immer auf Hochglanz poliert von mutmaßlich lausig bezahlten Bediensteten aus Mexiko. Bevor die Gedanken an die Lotterie des Kapitalismus trübsinnig werden, schlendern *Baywatch*-Schönheiten den Beach entlang und die Gedanken werden wieder froh.

Zurück auf dem Highway, kreisen die Gedanken um Städte, die die Number One verbindet: Monterey, Big Sur oder Santa Monica. Nur ein Mythos ist Illusion: Dass der Highway 1 den Bikern gehört. Leider ist die Traumstraße auch den Wohnmobilbewohnern nicht verborgen geblieben, sodass die endlose Polonaise weißer Rolling Homes aus der Entfernung an einen nicht enden wollenden ICE erinnert. Am besten mal kurz rechts ran und die weiße Karawane passieren lassen! Gute Gelegenheit, wieder einmal auf den Pazifik zu blicken. Ewig könnte man dann so verweilen, aber zum Glück ist es ja beim nächsten Stopp mindestens genauso überwältigend.

Weil in den Alpen die Uhren anders gehen

Es gibt keine schlechten Pässe, es gibt nur falsche Bremsen, könnte man in Abwandlung eines bekannten Sprichworts über Wetter
und Kleidung sagen. Der Julierpass ist für einige nur einer von
vielen, für manche aber der schönste Alpenpass. Schön ist bereits der Name, schöner als Albulapass, Ofenpass, Splügenpass
oder Flüelapass. An dem letzten Namen sollen sich sogar schon
Schweizer die Zunge gebrochen haben. Der Julierpass stellt
keine besonderen Ansprüche an Motorradfahrer, die deshalb
auch genügend Muße haben, die fantastischen Landschaften
zwischen Oberrheintal und Engadin zu genießen. Es ist großartig, sich vorzustellen, dass sich an nahezu gleicher Stelle schon
zur Römerzeit einiges an Verkehr abspielte. Statt gut bepackter
Tourenmotorräder nutzte man vor zweitausend Jahren Ochsenkarren und Maultiere, die nicht minder bepackt die Steigungen in
Angriff nahmen. Der Pass war eine der wichtigsten Alpenstraßen
des Römischen Reichs und führte von Como nach Chur, Bregenz
und Augsburg. Die Ochsenkarren wurden den Reisenden und
Händlern von Spediteuren gestellt, die Säumer genannt wurden
und ihre Dienstleistung auf dem holprigen Weg natürlich auch
nicht gratis anboten.

1820 wurde im Kanton Graubünden mit dem Bau der Straße
begonnen, die eine Scheitelhöhe von 2284 Metern hat. Auf der
Passhöhe verläuft die europäische Wasserscheide zwischen den
Einzugsgebieten von Rhein und Donau. Von Tiefencastel aus
geht's am Fluss Julia entlang nach Bivio. Dort könnte auch der
Septimerpass genommen werden, wäre der nicht für Motorfahr-
zeuge gesperrt. Also geht's weiter über den Julierpass Richtung
Silvaplana, zu einem Örtchen, das so gar nichts vom mondänen

Nachbarort St. Moritz hat. Silvaplana ist ungeschminkt, ohne Pracht, aber nicht minder reizvoll. In kleinen Gassen freuen sich Zimmerwirte über übernachtungswillige Biker, die auf 1815 Metern Höhe eine billige Herberge suchen – aber nicht bekommen. So schlicht die Zimmer auch sind – in manchen Kammern aus dem 16. Jahrhundert ist aufrechtes Gehen kaum möglich und die Fenster sind so klein wie Schießscharten –, die Übernachtungspreise sind trotzdem nicht von schlechten Eltern, denn wir sind in der Schweiz. Das muss als Erklärung genügen.

Der Zimmerwirt weiß auch, wo es am Abend noch eine warme Mahlzeit gibt, kein Wunder, dort steht er nämlich wenig später selbst am Tresen. Vor dem Einschlafen sollte man unbedingt noch eine Verdauungsrunde um den Silvaplanersee einlegen. Der Nachthimmel hier oben ist fast frei von künstlichen Lichteinflüssen, so hell sieht man die Sterne selten leuchten. Zurück in der fünf Jahrhunderte alten krumm gebauten und windschiefen Herberge, fallen nicht alle Mitfahrer sofort in den Tiefschlaf, den sensiblen Gemütern spuken vielleicht die früheren Bewohner des Hauses durch den Kopf, die hier vor fünf Jahrhunderten lagen und schnarchten.

Am nächsten Morgen sind die Geister von Silvaplana vergessen, es geht weiter Richtung Süden, vorbei am See, an dem fast täglich pünktlich zur Mittagszeit ein kräftiger Wind die Surfer aufs Wasser lockt. Wer lieber auf dem Asphalt bleibt und Lust auf gepflegte Serpentinen hat, der hat nun ein halbes Dutzend weiterer Pässe zur engeren Auswahl: Über das benachbarte St. Moritz sind Berninapass, Albulapass, Flüelapass, Ofenpass und Reschenpass bestens erreichbar. Auch Malojapass und Splügenpass sind nicht fern. Die entscheidende Frage lautet: Will man Kurven kratzen oder lieber gleich runter zum Gardasee und ins kühle Nass?

Weil auch Malle ein Muss ist

Rein statistisch fährt jeder Deutsche im Jahr 6,7-mal nach Mallorca. Okay, diese Zahl ist nur erstunken und erlogen. Aber wer je zur Hochsaison auf der Deutschen liebsten Insel war, würde diese falsche Statistik ohne mit dem Sangria-Glas zu zucken unterschreiben. Mehr als zwanzig Millionen Touristen werden jährlich auf dem Flughafen von Palma abgefertigt, darunter – rein statistisch – viele Biker. Die können sehr viel Spaß auf der Insel haben, auch und erst recht mit dem Motorrad. Wenn es das eigene ist, dann kommt man allerdings besser mit der Fähre von Barcelona aus auf die Insel. Aber es geht auch mit einem geliehenen. Jeder größere Zweiradverleih hat inzwischen wenigstens ein paar kleine Enduros im Angebot. Besser bestückt sind die auf Motorräder spezialisierten Läden, bei denen schon im Vorfeld der Reise online gebucht werden kann. Es reicht durchaus, sich nur für ein oder zwei Tage eine Maschine zu leihen, denn es gibt nur eine Straße, die Bikern empfohlen werden kann – das ist die in der Luftlinie gerade mal 70 km lange C710. Ihrem Ruf aber sollte man unbedingt folgen, die Calle 710 verläuft durch die schönsten Ecken, die die Insel zu bieten hat. Und muss nicht jeder Mallorca-Urlauber, wieder daheim, erst einmal die Skeptiker besänftigen, indem er eklärt: »Ja, ich war zwar auf Mallorca, aber nur in den schönen Gegenden, nicht am Ballermann oder so.«

Die C710 verbindet den Südwesten der Insel mit dem Nordwesten und verläuft zwischen Tramuntana-Gebirge und Meer. Von Palma kommend, geht's in Andratx los. Kaum verschwindet die alles überragende Kirche der Stadt im Rückspiegel, wird es wild und abenteuerlich. Es geht über zahllose Kurven immer weiter Richtung Steilküste und dann an dieser entlang. Während von Deutschland aus Malle in zwei Stunden zu erreichen ist, sitzen die Hollywood-Stars Michael Douglas und Catherina Zeta-Jones zig Stunden im Flieger, um zu ihrem Anwesen hier oben zu gelangen. Es wird wohl Gründe geben, warum die beiden sich diese Strapaze antun – Malibu und Hawaii sind schließlich auch schön. Wer in Valdemossa seine Maschine kurz auf den Seitenständer stellt, versteht die beiden.

An der Nordküste gibt es Buchten, wo man jedes Mal aufs Neue glaubt, dass man sie gerade als Erster entdeckt hat. Nicht zuletzt, weil die Wege hinunter kaum als solche zu erkennen sind. An Soller vorbei geht's weiter zur Bucht von Pollenca. Dort endet die C710 – ein guter Anlass, ein Aqua und einen Caffè solo zu genießen. Dann aber doch noch einmal aufs Motorrad und die C710 Richtung Cap de Formentor verlängern! Wer an diesem Inselvorsprung angekommen ist, wird sich auf den Lenker lehnen und sich vornehmen, dass er keinem Mallorca-Skeptiker jemals erklären wird, warum er da war.

Weil Waldwege gut für die Liebe sind

In Honduras ist es Männern per Gesetz verboten, zu zweit auf einem Motorrad zu fahren. Das ist aber keineswegs der Versuch, eine Sitzposition aus dem öffentlichen Leben zu verbannen, die auf keusche oder homophobe Gemüter wie ein Doggy Style wirken könnte. Nein, in Honduras ist der Hintergrund trauriger: Jeden Tag sterben zwanzig Menschen eines gewaltsamen Todes, im Verhältnis zur Einwohnerzahl sind das laut UN mehr als in jedem anderen Land. Die meisten sterben durch Schüsse, häufig abgefeuert vom Sozius eines Motorrads aus, was in diesem südamerikanischen Land unter Gangstern eine beliebte Art ist, ihre Opfer zu liquidieren. Dabei werden oft auch Unbeteiligte getötet. Erwischt die Polizei zwei Männer auf einem Motorrad, wird das Fahrzeug auf der Stelle beschlagnahmt. Frauen dürfen aber weiterhin hinten sitzen. Auch in einem Land mit einer brutalen Kriminalitätsrate wird also auf die romantischste Art des Reisens zu zweit nicht verzichtet.

Wie viele Lieben weltweit haben wohl auf einem Motorrad ihren Anfang genommen? Und wie viele, vielleicht auch nur kurze, Leidenschaften irgendwo im Gras, in den Dünen, auf einer Lichtung? Schon die Verabredung zu einer Spritztour – was für eine treffende Bezeichnung – kann die Verabredung zu mehr sein als einer Form der Fortbewegung. Obwohl das auch erst einmal das Wichtigste sein kann: Schnell weg aus dem Blickfeld der Eltern, die misstrauisch im Vorgarten stehen, und dem Motorrad hinterherschauen. Hinter der nächsten Ecke kann der Fahrer endlich etwas mehr Gas geben und die Beschleunigungskräfte zwingen Sozia oder Sozius geradezu, die Arme um die Taille des Fahrers zu legen und sich noch fester anzuschmiegen.

Dieser Moment ist wie der erste enge Tanz, vielleicht durch das Vibrieren der Maschine sogar noch intensiver. Dazu kommt die prickelnde Atmosphäre, die durch die Gefahr der rasanten Fahrt entsteht. Abgeschwächt wird das großartige Gefühl nur ein wenig durch die dicke Montur, die man und frau in diesem Moment verfluchen mögen. T-Shirt-Fahrten an warmen Sommerabenden sind schon schöner.

Das Spüren der körperlichen Nähe soll nie enden und so wird oft ziellos weitergefahren – diese Landstraße noch und dann ist man plötzlich auf einem Waldweg. Jetzt kommen sogar noch interessante vertikale Hüpfbewegungen ins Spiel. Und am Baggersee kann man ja auch mal eine Pause machen. Oder gleich für den Rest der Nacht dableiben.

Weil die Mutter aller Straßen ruft

Route 66 – ein Straßenname wie ein Lied, gesungen von Nat King Cole, Chuck Berry und den Stones. Vielfach verfilmt und in Romanen verewigt. Eine TV-Serie der 1960er trägt diesen Namen, der von der Weite Amerikas kündet, vom Geist des Go West und von der Idee grenzenloser Freiheit. Dieser Mythos aus Asphalt und Staub wurde auch Main Street of America genannt, wenn nicht sogar kurz und ehrfurchtsvoll: Mother Road.

Es soll der Motorradpionier Erwin »Cannonball« Baker gewesen sein, der den Anstoß zum Bau dieser mythischen Straße gegeben und damit Generationen von Bikern zu glücklicheren Menschen gemacht hat. Baker fuhr 1914 in nur elf Tagen mit einem Motorrad von Küste zu Küste. Anschließend berichtete er von abenteuerlichen Wegen, die er gefahren sei und die mehr an frisch gepflügte Äcker erinnert hätten denn an Straßen. Es wird wohl noch mehr Klagen dieser Art gegeben haben und der Ruf nach einer belastbaren Ost-West-Verbindung wurde immer lauter.

Vor allem war es die arme Landbevölkerung im Mittleren Westen – Farmer und Landarbeiter aus Texas, Arkansas und Oklahoma –, die nach Westen wollten, nach Kalifornien, das eine bessere Zukunft auf fruchtbaren Böden versprach. Ständige Dürren und Staubstürme hatten im Mittleren Westen inzwischen zu dem traurigen Namen Dust Bowl geführt. John Steinbecks mit dem Nobelpreis ausgezeichneter Roman *Früchte des Zorns* erzählt davon – und natürlich von der Route 66.

Mitte der depressiven 1920er wurde mit dem Bau der Route 66 begonnen. Dabei hat man vorrangig bereits bestehende Straßen miteinander verbunden. In den 1930ern wurde die Asphaltierung vollendet. Nun begann die Ost-West-Passage in Chicago, führte durch Missouri, Kansas, Oklahoma, Texas, New Mexico, Arizona und endete in Los Angeles. 2448 Meilen – oder 3940 Kilometer – zieht sich die sagenumwobene Straße durch Amerika, über die zu fahren der Traum jedes Bikers ist. Und das nicht nur deshalb, weil auch Peter Fonda und Dennis Hopper in *Easy Rider* auf der 66 fahren.

Am Niedergang der Route 66 ist Deutschland nicht ganz unschuldig. Des Deutschen liebstes Kind, die Autobahn, hatte es dem General und späteren US-Präsidenten Eisenhower so angetan, als er nach Kriegsende Deutschland bereiste, dass auch er mehrspurige Straßen in seinem Land bauen lassen wollte. Das war die Geburtsstunde des Interstate Highway Systems und schließlich auch das Ende der 66, wie Chuck Berry sie besungen hatte.

1985 wurde die Bezeichnung »U.S. Highway 66« von der American Association of State Highway and Transportation Officials aufgehoben, seitdem ist sie nur noch in Teilstrecken befahrbar.

Einer, der natürlich auch auf ihr fuhr, und das schon, bevor sie durchgehend asphaltiert war, war Erwin Baker. 1933 nahm er an einer Rekord- und Werbefahrt von New York nach L.A. teil und verdiente sich damit einmal mehr seinen Spitznamen »Cannonball«. Er schaffte die Distanz, die zu weiten Teilen über die Route 66 führte, in sagenhaften 53 Stunden. Seine Durchschnittsgeschwindigkeit betrug knapp 100 km/h, obwohl er durch Ortschaften und über Schotterpisten fahren musste. Das schaffen eben wirklich nur Kanonenkugeln.

weil Mandello del Lario
der schönste wallfahrtsort ist

Eins der schönsten Motorräder der Welt wird an einem der schönsten Flecken der Welt gebaut. Die Rede ist von Moto Guzzi und dem kleinen Städtchen Mandello del Lario, das zwischen Varenna und Lecco am Ufer des Comer Sees liegt. Für den echten Guzzi-Fahrer ist die Fahrt nach Mandello, wo die edlen Maschinen seit 1921 gefertigt werden, eine Pilgerfahrt, eine Reise nach Mekka, ein Jakobsweg, der über die Alpen nach Norditalien führt. Dort steht eher unscheinbar am Straßenrand jene Fabrik, in der in den besten Jahren mehr als 20.000 Arbeiter und Angestellte beschäftigt waren.

Ein Teil der alten Fertigungshallen beherbergt heute das Moto-Guzzi-Museum, in dem nicht nur die Fahrer dieser Marke, von Ehrfurcht schwer gezeichnet, von Exponat zu Exponat, von Reliquie zu Reliquie schleichen. Flüsternd werden andere Besucher auf technische Kostbarkeiten und historische Schätze hingewiesen, sei es ein monumentaler Scheinwerfer hier oder ein pittoresker Zylinderkopf dort. Noch größer wird die Ehrfurcht, wenn man bedenkt, dass sie wirklich hier wirkten und schraubten, die genialen Techniker um den jungen Carlo Guzzi.

Guzzi wartete im Ersten Weltkrieg Flugzeuge der italienischen Luftwaffe und lernte dabei die beiden Piloten Giovanni Ravelli und Giorgio Parodi kennen. Ein Jahr nach Kriegsende entwarf er sein erstes Motorrad, ausgestattet mit einem Viertakt-Einzylinder-Motor und üppigen 500 ccm, und zeigte diese Erfindung dem Vater seines Freundes Giorgio Parodi. Der wiederum hatte als Reeder in der Hafenstadt Genua ein Vermögen gemacht und war bereit, Guzzis Traum von einer eigenen Motorradfabrik zu finanzieren. Name: Società Anonima Moto Guzzi. Geburts-datum: 15. März 1921.

Die ersten in Mandello gebauten Motorräder wurden noch mit dem Kürzel G.P. versehen – Guzzi und Parodi. Der charakteristi-sche Adler kam erst später ins Logo, in Erinnerung an den gemein-samen Freund aus den Tagen bei der Luftwaffe, Giovanni Ravelli, der bei einem Flugzeugabsturz ums Leben gekommen war.

Als die schnellen Italiener werbewirksam bei Rennen ange-meldet wurden, ging die Rechnung sofort auf: Gino Finzi gewann gleich im ersten Jahr 1921 die legendäre Targa Florio. Jetzt wusste jeder, dass mit den Newcomern zu rechnen ist. Es war der Beginn einer einzigartigen Erfolgsgeschichte, die bis 1957 anhielt und dem Haus in Mandello del Lario 14 Weltmeistertitel einbrachte. Die schönsten Fotos und Exponate in der Wallfahrts-stätte am Comer See zeugen von dieser ruhmreichen Zeit.

Den Besucherparkplatz gegenüber dem Museum auf der Via Parodi 57 füllen ganz eindeutig in der Mehrzahl Maschinen von Moto Guzzi. Wer mit einem anderen Motorrad anrollt – sagen wir, mit einem aus japanischer Produktion –, der wird zwar geduldet, aber übersehen.

Weil der Autozug nicht nur Autos transportiert

Für Puristen ist es ein Frevel, gewissermaßen Verrat an den letzten Idealen im Leben, eine Motorradfahrt in den Urlaub mit dem Autozug zu beginnen. Und doch gibt es immer mehr Abtrünnige, immer mehr Biker, die diesen Frevel gerne begehen. Die Argumente auf beiden Seiten sind klar: Wer den Autozug nimmt, will seinen Fahrspaß erst vor Ort haben – in Süditalien, in Frankreich oder auf Korsika, Sizilien, Sardinien. Der hat partout keine Lust auf eine lange Anreise über die Autobahnen, die Mensch und Maschine verschleißt oder zumindest stresst. Die Autozug-Gegner lassen nichts davon gelten. Sie fahren Motorrad, um Motorrad zu fahren, und nicht etwa, um im Abteil zwischen ergrauten Senioren in beigen Windjacken zu sitzen, die ihr Cabrio, ihren gepflegten Alfa Romeo oder den Bugatti in die Nähe ihres Feriendomizils verbringen lassen wollen.

Es ist vorwiegend eine recht solvente Klientel, die den Autozug nutzt, denn ganz billig ist das Vergnügen nicht. Neun Terminals gibt's in Deutschland, und ob nun von Düsseldorf aus Narbonne angesteuert wird, von Berlin aus Bozen oder von Hamburg aus Alessandria – außerhalb der raren Supersonderangebote kosten die Fahrten ein paar Hundert Euro. Der Preis ist abhängig vom persönlichen Komfortbedarf, der in Liegewagen mit Fünfer-Belegung oder aber auch zum doppelten Preis im Schlafwagen mit Dusche und WC befriedigt werden kann. Wer das Reisen mit dem Autozug zu teuer findet und sich darüber lauthals beim Bier im Bordbistro beklagt, dem machen andere Biker eine Gegenrechnung auf: keine Spritkosten, keine Mautgebühren, keine Hotelübernachtung und kein überteuertes Raststättensüppchen. Auch werden die Reifen geschont, die Nerven sowieso. Darüber lässt sich im Bistro ganz trefflich streiten, während draußen Landschaften und Bahnhöfe in Zeitlupe vorbeiziehen. Der Autozug ist kein Rennzug, er will schließlich erst am nächsten Morgen mit ausgeschlafenen und gesättigten Gästen am Zielort ankommen.

Das Verladen der Motorräder an den Terminals ist eine Schau für sich, bei der sich bereits zeigt, dass Auto- und Zweiradfahrer jeweils unter sich bleiben. En bloc werden die Motorradfahrer auf die Rampe gebeten, immer zwei nebeneinander fahren auf die untere Ladefläche der Waggons. Dabei besteht Helmpflicht – aus gutem Grund: Die Decke hängt niedrig, die Motorräder dürfen eine Höhe von 165 cm nicht überschreiten und große Fahrer sollten sich klein machen, wenn sie sich nicht skalpieren wollen. Auch im Bordbistro, das von allen Fahrern unverzüglich angesteuert wird, bleiben die Biker unter sich. Ist ja auch logisch, wenn man eine große Liebe teilt.

Weil's um die Wurst geht

Arbeit muss sich wieder lohnen, forderte einst eine kleine deutsche Splitterpartei. Biker wissen, wovon die FDP spricht. Denn neben der eigentlichen Tour ist jeder Zwischenstopp die schönste Nebensache der Welt und eine tolle Belohnung. Eine kurze Pause, um die Beine zu bewegen, einen Kaffee zu trinken, eine Kleinigkeit zu essen und die Landschaft zu genießen.

Einer der schönsten Plätze für eine derartige Pause, nachdem die Arbeit bereits zur Hälfte geschafft ist, ist der Scheitelpunkt des Stilfserjoch. Denn dort steht Richard am höchsten Bratwurstgrill Europas und brät die beste Schweinswurst der Welt, die lecker mit Senf und Sauerkraut im frischen Brot serviert wird. Manchmal kommt es einem wie eine Fata Morgana vor: Kehre um Kehre arbeitet man sich den Pass empor, vorbei an schwitzenden Fahrradfahrern, denen man fröhlich das Tour-de-France-Zitat »Quäl dich, du Sau« zurufen möchte, vorbei an Wohnwagengespannen, denen man manchmal am liebsten die Anhängerkupplung lösen möchte, vorbei an untalentierten Sportwagenlenkern, die keinen Spaß verstehen und sich so breit wie Panzer machen, um das Überholen zu verhindern. In aller Regel aber vergebens.

Mit jedem Höhenmeter wird's kälter, umso größer ist die Vorfreude auf die Wurst, um die es geht. Der alpine Wurstkönig trägt den königlichen Namen Richard. Richard Ritsch verkaufte bereits als Kind in 2757 Metern Höhe Bratwurst an die Reisenden. Seit vier Jahrzehnten sind Richard und sein »Würschtelstandel« oben auf dem Pass eine Institution, so fest wie das Gipfelkreuz. Dass seine Würste so berühmt sind, das liege nicht nur an den guten Zutaten und an seiner Grillkunst, sondern auch an diesem ganz besonderen Ort. In knapp 3000 Metern, erzählt der Mann mit dem Tirolerhut gut gelaunt jedem seiner Kunden, schmecke es einfach am besten. Hochgenuss in jeder Hinsicht also, der nur noch auf dem Mont Blanc zu toppen wäre, aber da geht's ja mit dem Motorrad nur selten hinauf und oben wartet auch kein Richard mit der Grillzange am Rost.

Die Würschtelsaison auf dem Stilfserjoch ist kurz und sollte entsprechend eingeplant werden. Oft wird der Pass, der höchste Italiens und nach dem Col de l'Iseran der zweithöchste asphaltierte Pass der Alpen, erst im Juni geöffnet. Und oft bereits im Oktober wieder geschlossen. Fester Termin bei allen Motorrad fahrenden Wurst-Connaisseuren am Passo dello Stevio, wie die Italiener ihren Pass getauft haben, ist die erste Juliwoche, in der Hunderte von Maschinen das Gebirgspanorama dominieren.

Wem eine Zigaretten- oder Wurstpause zu kurz ist, der kann in Kehre 22 einchecken. Dort begrüßt das Berghotel Franzenshöhe Biker mit besonderer Herzlichkeit, überdachten Abstellplätzen sowie einem Hallenbad samt Sauna – falls die Nase aufgetaut werden muss. Danach lockt ein üppiges Vier-Gänge-Menü – im Magen sollte aber noch Platz bleiben für Richards Meisterwerke der Grillkunst.

weil die corniche Europas Highway 1 ist

Was den amerikanischen Bikern der Highway 1 ist, das ist den Franzosen die Grand Corniche: eine atemberaubende Küstenstraße mit fantastischen Ausblicken aufs Mittelmeer und auf die grandiosesten Landschaften, die Südfrankreich zu bieten hat. Jeder kennt diese Landschaft. Jedenfalls jeder, der einmal *Golden Eye* gesehen hat. In dem James-Bond-Film von 1995 jagen sich Pierce Brosnan als 007 im notorischen Aston Martin und die rassige Russin Xenia Onatopp im roten Ferrari gegenseitig durch die Kurven der Corniche. Spektakulärer als die nicht besonders aufregende Verfolgungsjagd ist die Schönheit der Bilder: Brosnan mit seinem smarten Ferrero-Rocher-Grinsen, sein eleganter DB5, die aufregende Famke Janssen als böse, böse Gegenspielerin im offenen roten Sportwagen mit zwischenzeitlichen Offroad-Schwächen. Und das auf dieser fantastischen Straße zwischen Menton und Monaco, die jeden Biker noch Tage nach einer Tour im Traum begleitet. Den Anblick 4000 Meter hoher Alpengipfel im Norden vergisst kein Mensch, gute Sicht vorausgesetzt. Aber das Wetter hier hat selten schlechte Laune. Gefühlte 364 Sonnentage im Jahr sind auch ein Argument, mit dem Motorrad nach Südfrankreich zu reisen. Teilweise verläuft die Fahrt in 500 Metern Höhe an der Steilküste entlang, Himmel und Meer können sich hier selten einigen, wer gerade blauer strahlt.

Die Grande Corniche, was so viel bedeutet wie große Klippenstraße, hat Napoleon I. entlang der Via Aurelia bauen lassen, der alten Römerstraße, mit deren Bau 241 vor Christus begonnen worden war. An die antiken Fakten denkt man zwar nicht in jeder Kurve, aber zu wissen, dass diese Straße seit Jahrtausenden begangen und befahren wird, löst eigenartige Empfindungen aus.

Nahmen die Reisenden vor 2000 Jahren die Landschaft auch als schön wahr oder doch eher als bedrohlich? Freuten sie sich auch wie der Ducati-Fahrer heute über jede Kurve und jede Steigung? Während sich wohl jeder Biker wünscht, diese Straße möge nie enden, wird ein Lastenträger in alten Zeiten wahrscheinlich eher fluchend Steine ins Meer gekickt haben, wenn die Last beschwerlich und der Weg noch weit war. Das Tolle an dieser Straße ist, dass es fast parallel zur Grande Corniche noch die Corniche du Litoral gibt, die durch die Küstendörfer führt, sowie die Corniche Moyenne, die mittlere Klippenstraße. Alle drei lassen sich im Grunde zu einer Endlosschleife verbinden. Wer hier am schönsten Saum Europas einmal losgefahren ist, möchte sowieso nur noch zum Gucken und Fotografieren absteigen.

Weil zwischenstopps bilden

Wikipedia ist den Oberjochpass langgefahren und hat 107 Kurven gezählt, doch das wird in einschlägigen Biker-Foren vehement bestritten – mal nach unten, meist aber nach oben. Wie soll man aber auch vernünftig Kurven zählen, wenn die eine in die nächste mündet und man genug damit zu tun hat, gut durch die Kehren zu kommen. Der Oberjochpass ist nach dem Riedbergpass Deutschlands zweithöchste Passstraße. Er verbindet das bayrische Bad Hindelang mit dem Tannheimer Tal in Österreich. Das namensgebende Dorf Oberjoch bildet nicht den Scheitelpunkt, der liegt etwas weiter nordwestlich der Grenze zu Österreich, wo aus der deutschen Bundesstraße 308 – so der offizielle Straßenname – die österreichische Landstraße 199 wird.

1895 wurde mit dem Bau der Alpenpassage begonnen. Wichtig war den Planern, dass die neue Straße viel Verkehr aufnehmen kann, entsprechend breit wurde sie angelegt. Während glücklicherweise nichts mehr daran erinnert, dass die Straße zwischendurch mal Adolf-Hitler-Pass hieß, erinnert aber glücklicherweise vieles an W. G. Sebald. Dem großartigen Schriftsteller, der 2001 in England bei einem Autounfall gestorben war, wurde ein Sebaldweg gewidmet, auf dem jeder Biker einmal absteigen sollte. Der zwölf Kilometer lange Weg beginnt an der alten Grenzstation zwischen Allgäu und Tirol. An seinem Rand wurden Stelen mit Auszügen aus Sebalds Erzählung *Il ritorno in Patria* aufgestellt. Diese Texte sind nicht beliebig ausgewählt, sondern jeder erzählt genau von der Stelle, an der man gerade steht und liest. Aus der ganzen Welt reisen Studenten und Wissenschaftler an und begeben sich auf die Suche nach Spuren des rätselhaften Schriftstellers. Sebald selbst würde sich bestimmt darüber wundern, dass so viele Menschen seine Heimat aufsuchen. Er selbst hat gleich nach dem Abitur Deutschland und die Bergwelt verlassen, um einer der international renommiertesten deutschsprachigen Autoren zu werden. Wieder einmal gilt der Künstler im eigenen Land wenig, dafür kennen ihn die Biker, die sich ein paar Stunden für den von ihm beschriebenen Weg nehmen.

Dieser endet an Sebalds Geburtshaus in Wertach. Dort, aber auch entlang des Weges gibt es genügend Einkehrmöglichkeiten. Wieder auf dem Oberjochpass liest man jetzt weniger Literarisches: Überholverbote, die sehr ernst gemeint sind und häufig von der Polizei kontrolliert werden. Je nachdem, was für ein Alm-Öhi oder Wohnwagen-Gespann gerade vor einem her gurkt, kann das mitunter sehr ermüdend werden.

Kapitel 10

Öl, Schweiß
und Schrauben

Ich liebe es, bei vollem Tempo Motorrad zu fahren,
weil ich kein befreienderes und intensiveres Gefühl kenne.
Jedes Risiko ist ein Schuss zusätzlicher Lebensenergie.

JEREMY IRONS

Weil wir uns selber helfen

Es gibt Leute, die fahren für ihr Leben gerne Motorrad und kennen auf der weiten Welt nur noch eine Sache, die noch mehr Freude macht als ein sofort anspringendes Fahrzeug: nämlich ein Motorrad, das nicht anspringt. Ganz egal, ob in der eigenen Werkstatt, in der Garage oder davor – sie lieben es, wenn nichts mehr geht und nur noch der Anlasser heiser jault. Noch besser finden sie es, wenn auch der Anlasser keinen Mucks mehr macht, die Karre also so tot ist wie Dennis Hopper und Peter Fonda am Ende von *Easy Rider*. Dann schlägt die Stunde der Schrauber! Dann heißt es wie beim Hausarzt: Machen Sie sich mal frei! Stück für Stück, Schraube für Schraube wird das Motorrad zerlegt – auf gut Glück oder ganz gewissenhaft mit ständigem Seitenblick ins ölverschmierte Handbuch.

Die Heilige Schrift für bastelbesessene Autofahrer trägt den zeitlos schönen Titel *Jetzt helfe ich mir selbst*, der seit vielen Jahren zwischen Nordsee und Alpen zu den immer gleichen Onanie-Scherzen verleitet. So ganz falsch ist das gar nicht, das bestätigt einem jeder passionierte Schrauber: Wenn der Motor am Ende der Arbeit in der Werkstatt tatsächlich anspringt, fühlt sich das schon gut an. Mehr als zehn Millionen Exemplare wurden aus dieser Schrauber-Reihe verkauft, mehr waren es von Hape Kerkelings Mega-Bestseller *Ich bin dann mal weg* auch nicht. Auf ebenfalls sensationelle sechs Millionen Verkäufe bringt es die Reihe mit dem so trockenen wie präzisen Titel *Reparaturanleitung*. Ducati, BMW, Triumph, Kawasaki und viele weitere Hersteller müssen sich mit der privaten Ein-Mann-Konkurrenz zu ihren Vertragswerkstätten abfinden, die mit dieser Anleitung jede Maschine wieder zum Laufen kriegt. Und die Ein-Mann-

Konkurrenz in der Garage freut sich über gespartes Geld, viel mehr aber noch über die Glücksgefühle, die ausgelöst werden, wenn alles klappt; wenn das richtige Werkzeug vorhanden ist und die Schrauben nicht verkanten, wenn nichts klemmt oder angebacken ist und die entscheidenden Teile exakt da liegen, wo sie laut Anleitung hingehören.

Ein Band nimmt sich der von Kawasaki im Jahr 2001 präsentierten Big Bikes an, der ZRX 1200, ZRX 1200 R und ZRX 1200 S. Ein auch nach Jahren feines und zuverlässiges Maschinchen – das wissen auch die Autoren des Handbuchs. Sie wissen aber auch, warum die Welt ihr Buch braucht. »Weil aber trotz optimaler Wartung und Pflege irgendwo auf den Straßen dieser Welt, wo keine Kawasaki-Werkstatt in der Nähe ist, der Defektteufel zuschlagen kann, wurde dieses Buch geschrieben«, heißt es im Klappentext und die Verfasser bieten eine Menge Service an: Kette pflegen, spannen und wechseln, Federung und Dämpfung richtig einstellen, Lenkung reparieren, Federbeine und Schwinge aus- und wieder einbauen, Lampen, Sicherungen, Batterie, Zündkerzen, Luftfilter, Vergaser, Anlasser, Ölfilter, Ventile ... So gut der Besitzer sein Motorrad auch kennt, nach gründlicher Lektüre des Buches ist er mit seiner Maschine wirklich vertraut. Der Defektteufel schlägt vielleicht auf den nächsten 50.000 Kilometern gar nicht zu, aber wenn er es täte, müsste man keine Angst haben. Nur das richtige Werkzeug.

Weil alles chrom ist, was glänzt

Chrom! Du Gold des kleinen Mannes, entdeckt im fernen Ural, Bewahrer der Lieblingslieder auf alten Musikkassetten, vor allem aber Stoff aller Tuner-Träume! Oh Chrom, es ist Zeit für eine Ode an dich. Wenn es gilt, ein Teil am Motorrad allein aus optischen Gründen auszutauschen – Felgen, Lenker, Spiegel, Tank, Abdeckungen, Auspuff, Fußrasten –, dann ist verchromter Ersatz bei den meisten Bikern erste Wahl. Das kostet meist etwas mehr, glänzt aber auch schöner. Wem bei aller Liebe zu Chrom das sukzessive Veredeln zu aufwendig und zu langwierig ist, der fährt zum Tuner, dem großen Alchemisten im Land, wo die Bikes blühen. Oder er begibt sich zu seinem örtlichen Moto-Guzzi-Händler, denn die Italiener haben mit der V7 Racer ein Motorrad kreiert, das durchs Chrombad gezogen zu sein scheint, um dann einzelne Elemente Guzzi-rot zu lackieren – Rahmen und Schwinge etwa, Radnaben und Zündkabel.

Wer kein Auge fürs Schöne hat, dem wird die Racer nicht gefallen. Denn die Zeichen unserer Zeit stehen auf kW, PS, km/h, U/min, nm. Auch Motorräder sind mehrheitlich Teil der Leistungsgesellschaft geworden und da wirkt die neue Moto Guzzi mit ihren 48 Pferdestärken wie ein Leistungsverweigerer oder wie ein Pensionär, der mit der neuen Zeit gar nichts mehr zu tun haben möchte und lieber in Ruhe seine Bahnen zieht. Und das am liebsten allein, denn die Racer ist von Hause aus ein Einsitzer. Seit 1966 stellt Moto Guzzi die V7 her, die durch die markanten V2-Motoren immer und überall für Aufmerksamkeit sorgt. Die V7 Racer sieht aus, als sei fast ein halbes Jahrhundert später der geheime Prototyp in einer verborgenen Halle in der Fabrik am Comer See gefunden worden. Ein Prequel würde man beim

Film sagen, wenn ein späterer Film die Vorgeschichte zu seinem Vorgänger erzählt.

Es ist nicht alles Chrom, was glänzt, und so massiv der Tank auch aussieht, der jeden Rasierspiegel überflüssig macht, er ist aus Kunststoff. Doch wer kratzt schon an seinem Motorrad rum. Chrom war immer schon der Stoff der Täuschung, mit dem bereits im 18. Jahrhundert gefärbt wurde, also bald nach der Entdeckung eines orange-roten Bleichromat-Minerals durch Johann Gottlob Lehmann 1761 im Ural. Ein besonders leuchtender Gelbton wurde als Post-Gelb der Fashion-Knaller in den Salons der besseren Gesellschaft. An der Signal-Wirkung von Chrom hat sich wenig geändert. Wer sein Motorrad mit verchromten Teilen versieht, möchte es nicht am Ende des Parkplatzes verstecken. Mit Chrom zeigt man sich, mit Chrom wird flaniert. Und dafür reichen 48 PS völlig aus.

Weil's kesselt

Es war eine der kühnsten Wetten seit Erfindung der oben liegenden Nockenwelle. Und wie jede gute und ehrliche Wette wurde sie auf einem Kneipenblock vertraglich fixiert: Rötger Werner Friedrich Wilhelm Feldmann, wesentlich besser bekannt als Brösel und am bekanntesten als Erfinder und Zeichner der Werner-Comics, wollte mit einer Eigenbau-Horex den alten Porsche 911 seines Kumpels (und Managers) Holgi vom Asphalt blasen. Die Wette stand, das Motorrad noch nicht, sein Name schon: Red Porsche Killer sollte die Maschine heißen, ganz genauso wie ihr einziger Daseinszweck. Brösel nahm sich seinen Freund Ölfuß zur Seite, der als begnadeter Horex-Bastler in ostfriesischen Garagen bereits Weltruf genoss. Der Plan: Vier Horex-Motoren sollten so verzahnt werden, dass der kombinierte Antrieb dem armen Holgi nur noch einen Blick in den Auspuff erlauben würde. Dass dies funktionieren kann, daran bestand für Brösel kein Zweifel, denn schließlich ist er ein Mann der Superlative: Blockbuster im Kino *(Werner – Beinhart)*, eigenes Bier (»Bölkstoff«), eigene Briefmarke (»voll Stoff geradeaus«), eigene Sprachschöpfungen (»Tass Kaff«), reichlich Erfahrung mit Motoren und Rädern.

Geplant war, vier Motoren einer Horex Regina zu nehmen und deren Kurbelwellen über Primärketten zu verbinden. Für die Übertragung der Motorkraft aufs Hinterrad sollte ein altes BSA-Getriebe eingebaut werden, doch da kamen schnell Sicherheitsbedenken auf und es wurde schließlich eine im Dragstersport bewährte Gearbox von Harley genommen. Damit der Motor bei den zu erwartenden Belastungen nicht kollabiert, wurden eigens für den Red-Porsche-Killer Kurbelwellen, Lager und Pleuel, aber auch der 550-ccm-Aluzylinder entwickelt und gefertigt. Auf erprobte Erzeugnisse von der Stange konnte man kaum zurückgreifen, fast alles wurde mit dem eigenen Hirnschmalz ausbaldowert, berechnet und im Selbstversuch getestet. Was funktionierte, wurde eingebaut, der Rest wanderte zum Altmetall. Als dann das komplexe Zahnradgefüge des Getriebes in der Lage war, die Motorenleistung umzusetzen, war nur noch die Frage zu klären, wie das Gerät, einmal in Bewegung gesetzt, wieder zum Stehen gebracht werden könnte. Eine Anlage mit drei Bremsscheiben schien der Aufgabe schließlich gewachsen.

Endlich ging es an die Optik. Und da macht ein Mann des Bildes und der Grafik wie Brösel keine Kompromisse. Immer wieder wurden Veränderungen am Rahmen vorgenommen, bis – so Konstrukteur Brösel – die wahrscheinlich breiteste Gabel Schleswig-Holsteins den Weg in den Red-Porsche-Killer fand. Abschließend mussten noch alle Teile synchronisiert werden, damit die Vergaser den gleichen Durchfluss hatten, aber auch die Zündzeitpunkte präzise abgestimmt waren. Gestartet wurde der Red-Porsche-Killer mit einem externen Anlasser, der einen großartigen Motorensound in die Atmosphäre schickte, denn allerlei Schallschutzquatsch war bereits großzügig entfernt worden.

Im September 1988 überrollten dann mehr als 200.000 Werner-Fans den Flugplatz des kleinen Dorfes Hartenholm in Schleswig-Holstein, um zu sehen, wer die Wette gewinnt: Brösel auf der brüllend lauten Vierfach-Horex oder Holgi in seinem Porsche. Bekanntermaßen wurde Brösel zweiter Sieger. Schaltfehler. Kann passieren. Dass er und Holgi heute keine Freunde mehr sind, soll andere Gründe haben.

Weil putzen nur in der Garage Spaß macht

Schon im Kinderzimmer löste sie Hass, Verzweiflung, Schweiß und Tränen aus: die Ansage der Eltern, nun doch endlich mal aufzuräumen. Wie wenig Spaß hat das doch gemacht und wie wenig Sinn. Denn die natürliche Ordnung des Kinderzimmers war ein überwältigendes und durchaus sinnvolles Chaos, in dem alles irgendwo an seinem Platz war. Die rote Spielzeug-Honda befand sich entweder unter dem Lego-Haufen, unterm Bett oder zwischen den Fußballklamotten. Und wenn nicht da, dann auf jeden Fall woanders. Warum also aufräumen? Ein Kinderzimmer ist ein geschlossener Raum, da kommt schon nix weg.

So wenig erfreulich das Aufräumen war, so wenig Vergnügen machten auch die ersten Haushaltsarbeiten. Hilf deiner Schwester jetzt mal beim Abwasch! Wie soll man aber vernünftig abwaschen, wenn zeitgleich *Bonanza* oder *Raumschiff Enterprise* im Fernsehen läuft?!

Besser wurde es auch nicht in der ersten WG. Putzplan! Was für ein Quatsch für jeden halbwegs vernünftigen Menschen. Es ist doch klar: Wen der Dreck stört, der wird ihn schon wegmachen, das regelt sich doch von allein. Richtig war: Der Dreck störte alle, aber er machte sich eben nicht von alleine weg. Zwei Dinge bildeten eine Ausnahme. Diese Dinge wurden mit einer Hingabe geputzt und gepflegt, die einen manchmal selbst erstaunte: das Fahrrad in Kindertagen und später das Motorrad. Ohne dass irgendwer mahnte, wurden Eimer mit Wasser gefüllt, Spülmittel hinzugegeben, Schwämmchen bereitgelegt und das Klapprad geschrubbt.

Fürs Motorrad werden im Fachhandel Reinigungsemulsionen und verschiedenste chemische Hilfsmittel erworben, dann werden Tücher für die spätere Politur, Kettenreiniger, Felgenreiniger und Speichenreiniger ausgebreitet. Sowie diverse Bürsten, Polierwatte und Lappen, die in einer perfekten Garage nicht flusen dürfen. Was im Kinderzimmer und im Haushalt so gar keinen Spaß machte, bereitet jetzt mit einem Mal die größte Freude und macht richtig glücklich. Wenn das Bike gebadet wird, ist der Biker ganz bei sich und entspannt. Ja, die Motorradwäsche ist geradezu meditativ. *Zen und die Kunst, ein Motorrad zu warten* heißt der Welt-Bestseller über eine Motorradreise, jetzt beginnt man diesen seltsamen Titel zu verstehen. Auf einmal werden sogar Sachen großartig, die früher nur belächelt wurden. Zum Beispiel die Gleichzeitigkeit von Fahrzeugputzen und im Radio Bundesligakonferenz hören – so wie es schon Väter, Großväter, Onkel und Nachbarn gemacht haben, wenn samstags die Wagenwäsche zelebriert wurde. Das fand man mal spießig? Das ist nicht spießig, das ist heilig, ein Kult, eine rituelle Waschung.

Weil sitzen nicht nur fürn Arsch ist

Sitzmöbel lassen sich mehr oder weniger günstig in schwedischen Möbelhäusern erwerben. 15 Euro – schon hat man was unterm Hintern! Ob es sich für 22 Millionen Euro besser sitzen lässt, werden wir vermutlich nie erfahren, weil wir nicht wissen, wo der Dragons Armchair rumsteht, der 2009 für diese astronomische Summe bei Christie's versteigert wurde. Ob die Pobacken des Besitzers zu würdigen wissen, dass sich hier früher einmal die Pobacken des Modedesigners Yves Saint Laurent ins Polster gedrückt haben?

Hadi Teherani sitzt von Berufs wegen sehr viel. Der Architekt, der unter anderem die Europa Passage in Hamburg, den Berliner Bogen und in Köln die Kranhäuser am Rhein entworfen hat, bastelt sich seine Bürostühle am liebsten selbst. Man kann sie aber auch bei ihm kaufen. 50.000 Euro sollte aber dabeihaben, wer so ein Teherani-Stück aus Seide, Gold oder auf Wunsch auch mit Diamanten besitzen möchte. Ein Schnäppchen dagegen ist der Barcelona-Sessel von Mies van der Rohe. Keine 2000 Euro kostet das elegante Möbelstück, das 1929 den deutschen Pavillon auf der Weltausstellung in Barcelona schmückte.

Das sind bestimmt alles ganz wunderbare Sitzgelegenheiten, aber die schönste von allen findet man woanders. Es ist die, die jeder Biker bei sich hat, sobald er in seinem Sattel sitzt. Die schönste Art zu sitzen ist die auf einem Motorrad, wenn der Motor abgestellt ist und sich eine großartige Landschaft vor einem ausbreitet. Oder wenn die Fahrer nach und nach an einem Park- oder Zeltplatz eintrudeln und noch ein Weilchen auf ihren Maschinen verweilen – ganz entspannt, die Beine weit abgewinkelt, die Unterarme auf dem Tank gekreuzt.

Es müssen keine seitlich angebrachten Brokatzipfel oder güldenen Applikationen sein, aber auch Motorradsitzbänke lassen sich optisch und physisch tunen. Auf Internetseiten mit so passenden Namen wie alles-fuern-arsch.de lässt sich prima nachschauen, was die Hersteller so parat haben: Reisesitzbänke für Tourer mit Keder, also farblich abgesetzten Wülsten, die Fahrer und Beifahrer trennen. Oder Mix-Bezüge aus verschiedenen Kunstledern mit verschiedenen Farben und verschiedenen Oberflächenstrukturen.

Der Sattler des Vertrauens empfiehlt den Kollegen, die am liebsten gar nicht aus dem Sattel kommen wollen, einen festen Schaumkern, damit sie auch nach einem Tagesritt von tausend Meilen und mehr noch ohne schmerzenden Hintern laufen können. Ganz sensiblen Ärschen werden Gelkissen vorgeschlagen, wie sie im medizinischen Bereich eingesetzt werden, um das Wundliegen der Patienten zu vermeiden.

Gut zu sitzen muss kein Luxus sein, es kann aber. Wenn sich ein Harley-Fahrer im besten Alter – Zahnarzt, Unternehmer oder Erbe von Beruf – zwischen einem Barcelona-Sessel von Mies van der Rohe und einem mit Nieten beschlagenen Sattel für seine Road King Custom samt komfortabler Rückenlehne zum selben Preis entscheiden müsste – er würde beides nehmen.

Weil mit Airbrush noch mehr Farbe ins Spiel kommt

Oft ist ein Motorrad ab Werk bereits unglaublich schön, aber immer noch nicht schön genug. Da geht noch was. Da lässt sich noch was machen, bis es wirklich so aussieht, wie ich es haben will, bis es endgültig meins ist. Das ist die Stunde der Airbrush-Pistole. Ihr erstes Ziel ist in der Regel der Tank, der deshalb auch gar nicht voluminös genug ausfallen kann.

Es sollte nicht unbedingt das eigene funkelnagelneue Motorrad sein, an dem die Spritzpistole zum ersten Mal ausprobiert wird. Man sollte Airbrush erst mal an alten Metallplatten ausprobieren oder es besser gleich dem Profi in seiner nach Lacken und Farben duftenden Werkstatt überlassen. Wie im Tattoo-Studio kann, wer selbst keine Idee hat, aus Katalogen mit farbenprächtigen Hochglanzmotiven wählen. Sehr beliebt: mythische Motive wie Drachen, Schlangen und Ungeheuer, martialische wie Raketen, Jets, Panzer, feuernde Maschinengewehre sowie Männerfantasien wie Frauen mit grotesk großen Brüsten, kaum verdeckt von langen schwarzen oder blonden Mähnen, sensationellen Beinen und Wespentaillen. Aber auch Totenköpfe und Skelette, Wikinger-helme, Hufeisen, Teufelshörner, Landesflaggen, Flammen und der gute alte Sensenmann kommen gerne als feiner Farbnebel aus der Düse.

Wichtigstes Utensil ist natürlich die Airbrushpistole, die Kön-ner wählen zwischen Single-Action und Double-Action. Letztere reguliert durch Druck auf den Hebel der Pistole die Luftzufuhr und durch Ziehen des Hebels die Farbmenge. Als Single-Action bezeichnet man die, bei denen man mit dem Hebel nur die Luft-zufuhr reguliert, die Farbmenge während des Sprühens aber nicht mehr verändert werden kann. Jetzt braucht man noch Kompressor, Farben, Lacke und Schablonen, die sich mit entsprechenden Programmen bequem am Heimcomputer erstellen und ausdrucken lassen. Dann noch ein heißes Motiv – und runter in die Garage.

Mit Airbrush verhält es sich wie mit Tattoos: Man kann Junkie werden. Nicht jedem reicht es, sich ein dezentes japanisches Schriftzeichen in die Schulter ritzen zu lassen oder den Namen seiner ewigen Ex oder ein Arschgeweih an die dafür vorgesehene Stelle. Solange noch ein freies Fleckchen Haut zu finden ist, wird tätowiert, bis das Gesamtkunstwerk Mensch aussieht wie ein Mitglied der Blue Man Group. Airbrush-Freaks ticken ganz ähnlich. Oft reicht eine Spinne auf dem Tank, viel öfter ist das aber viel zu wenig. Der Rahmen bietet ja auch noch ein paar Flächen, der Sitz kann ebenfalls als Leinwand dienen, Schutzbleche sowieso, die Rückseiten der Spiegel vertragen auch noch Farbe. Wer dann weint, weil nun wirklich jeder Quadratmillimeter eine neue Farbe trägt und keine freie Fläche mehr zu finden ist, dem kann der Mann an der Pistole helfen. Entweder kann man alles wieder überbrushen oder ganz neue Gebiete erobern – da liegt ja noch ein Helm ...

Weil ein Motorrad helfen kann, das Leben zu warten

Es ist das meistverkaufte Motorradbuch der Welt, jedenfalls das erfolgreichste, in dem »Motorrad« im Titel vorkommt. Auf dem Cover des Bestsellers steht aber auch noch das Wörtchen »Zen« – und so ahnt man schon, worum es in *Zen und die Kunst, ein Motorrad zu warten* geht. Der Wissenschaftler und Autor Robert M. Pirsig nahm eine Motorradreise, die er mit seinem Sohn und einem befreundeten Paar unternahm, zum Anlass, die Welt und das Leben, Vergangenheit und Zukunft, Materie und Geist philosophisch neu zu betrachten. Als das Buch 1974 erschien, nachdem es zuvor von 121 Verlagen abgelehnt worden war, sorgte der Titel für Missverständnisse. Das tut er auch heute noch. Es geht nicht um buddhistische Methoden, undichte Zylinderkopfdichtungen auszutauschen oder Batterien durch Meditation zu pflegen. Es geht Pirsig vielmehr um die Maschine als Metapher für richtiges Handeln, nämlich darum, dass derjenige, der die Funktionsweise eines Motors verstanden hat, immer besser dran ist als einer, der nur flickt und ausbessert, ohne den Fehler von Grund auf beheben zu können.

Doch dass er auf der zweiwöchigen Reise im Sommer 1968 von Minnesota nach Kalifornien mit dem Motorrad unterwegs war, ist ihm auch sehr wichtig. Pirsig schreibt über das Motorradfahren: »Man ist mit allem ganz in Fühlung. Man ist mittendrin in der Szene, anstatt sie nur zu betrachten, und das Gefühl der Gegenwärtigkeit ist überwältigend.« Seine Honda ist Teil seiner Therapie, denn Pirsig will herausfinden, wer er ist und wer er war.

Robert Maynard Pirsig fiel schon als Kind durch seine unglaubliche Intelligenz auf und studierte bereits im Alter von 14

Jahren Biochemie. Drei Jahre später musste er die Uni wieder verlassen, seine Noten waren plötzlich schlecht geworden, was mit einer Psychose erklärt wurde. Er ging zur Armee, studierte dann Philosophie, lebte vom Schreiben technischer Handbücher und als Lehrer, bis sich seine Psychose wieder bemerkbar machte. Die Ärzte behandelten ihn radikal mit Elektroschocks. 28-mal wurden ihm 800 Milliampere durch den Schädel gejagt, danach war nicht nur die Psychose, sondern auch seine Persönlichkeit ausgelöscht, in seinem Körper wohnte nun ein anderer. Wer er früher war und wer er überhaupt sein will und kann, das versucht er mit der Motorradreise zu sich selbst zu beantworten.

Das übrige Personal von *Zen und die Kunst, ein Motorrad zu warten*, also ein befreundetes Paar mit einer BMW und sein elfjähriger Sohn Chris auf dem Sozius, bleiben Statisten in diesem philosophischen Roman, den viele Leser als lebensverändernd erlebt haben. Pirsig konzentriert sich ganz auf seine Betrachtungen der Welt: »Der Beton, der da fünf Zoll unter den Füßen durchwischt, ist echt, derselbe Stoff, auf dem man wirklich geht, er ist wirklich da, so unscharf zwar, dass er sich nicht fixieren lässt, aber man kann jederzeit den Fuß darauf stellen und ihn berühren; man erlebt alles direkt, nichts ist auch nur einen Augenblick dem unmittelbaren Bewusstsein entzogen.« So drückt ein Motorrad fahrender Philosoph aus, was Motorradfahrer beim Fahren erleben.

Weil eine Vollautomatik keinen zum Volltrottel macht

Am besten wartet man, bis der letzte Kunde den Laden verlassen hat, denn ein bisschen unangenehm ist die Frage schon. Noch ein wenig zwischen den neusten Ausstellungsstücken rumstreunen, interessiert in ausliegenden Prospekten blättern, den Kragen hochschlagen, einmal räuspern und jetzt bloß nicht rot werden. Selbst wenn der letzte Kunde weg ist, der einen mitleidig anschauen könnte, die letzte Kundin, die kichern könnte, wäre es ja auch noch möglich, dass der Händler die Frage so behandelt, als würde man sich nach Erektionshilfen erkundigen. Für viele ist es auch genau das: ein Motorrad mit Automatik. Seltsam ist das schon, denn kein Sportwagenbesitzer wird ausgelacht, weil er in weniger als fünf Sekunden auf hundert ist, ohne auch nur einmal geschaltet zu haben. Im Reich der Roller ist eine Gangschaltung nur noch den Dorfältesten bekannt und Variomatik der Stand der Dinge. Nur Motorradfahrer bestehen mehrheitlich auf dem Fünf-Punkte-Programm: Gas weg, Kupplung ziehen, Gang rein, Kupplung kommen lassen, Gas geben.

Wenn es in den Alpen die Berge rauf und auf der anderen Seite wieder runter geht, lernt der Biker Sehnen im Bereich des Handgelenks kennen, von denen er bislang gar nichts wusste. Jeder kennt die Erzählungen gepeinigter Kollegen, die nach stundenlangem Ritt nicht mehr richtig zugreifen konnten und die Gänge am Ende ungekuppelt reintraten. Auch beim Stop and Go in der verstopften City oder im zähfließenden Verkehr auf der Autobahn kann das Schaltvergnügen arg leiden.

Dass die Schaltjahre beim Motorrad trotzdem noch nicht gezählt sind, kann am Image der Alternativen liegen. Wer früher ein Automatikauto fuhr, trug auch einen Hut und hielt in seiner Funktion als Sonntagsfahrer und kriechendes Hindernis alle auf. Dazu passen die Begriffe »Vollautomatik« oder »Schalthilfe«, die wie »Gehhilfe« klingen und wie »Volltrottel«.

Dagegen arbeiten Hersteller in Europa und Asien mit Nachdruck und innovativen Konzepten an. Honda setzt auf eine Technik, die Porsche-Fahrern schon lange viel Spaß bereitet, wenn sie ohne Verluste bei der Zugkraft durch die Gänge gleiten. Schalten kann der Honda-Pilot aber immer noch zwischen dem sportlichen S-Modus und dem D-Modus für die Langstrecke. Während es mit D kraftvoll, aber mit Bedacht zur Sache geht, werden beim Wechsel auf S die Kräfte freigelegt, die darauf nur gewartet haben. Sofort geht's in höheren Drehzahlbereichen ab wie Nachbars Lumpi oder wer auch immer für schiefe Vergleiche herhalten soll.

Die Münchner Automatenspezialisten haben bei ihren BMW-Maschinen Schaltassistenten zum Einsatz gebracht, die beim Hochschalten ins Spiel kommen. Geschaltet wird dann wie üblich mit dem linken Fuß, aber die linke Hand muss nicht zum existierenden Kupplungsgriff greifen, sondern darf sich schön entspannen, bevor sie beim Runterschalten wieder beherzt zulangen darf. Prognose? Der Porsche-Typ unter den Motorradfahrern wird mittelfristig umsteigen und automatisch noch spritziger unterwegs sein. Der Traktor-Typ wird weiterhin mit seinen eigenen Händen und Füßen hart arbeiten und am Abend eines langen Tages mit schwieligen Fingern einen Bierkrug in den Himmel recken.

Weil der Weg nicht immer zum Ziel führt

Nicht nur zu viel Fernsehen macht blöd, so die Blödheits-forschung, auch der regelmäßige Gebrauch eines Navigations-gerätes macht den Nutzer nicht unbedingt heller. Im Gegenteil, das Orientierungsvermögen des Gehirns verkümmere. Bildungs-forscher der Universität des Saarlandes konnten nachweisen, wie es dazu kommt. So sei das Orientieren und Lenken ein sehr aufwendiger Prozess fürs Hirn, bei dem eine große Menge von Sinneseindrücken verarbeitet werden muss. Wird das Navi einge-schaltet, schaltet sich das Hirn aus, es bleibt jedenfalls weit unter seinen Möglichkeiten. Denn wem eine sonore Automatenstimme ständig vorsagt, dass er an der nächsten Kreuzung rechts ab-biegen oder den Kreisverkehr an der dritten Ausfahrt verlassen soll, der denkt nicht mehr mit und erwirbt auch kein Wissen über seine Umgebung.

Wer das für akademischen Quatsch hält, dem sei gelegentlich ein Blick in die *Bild*-Zeitung empfohlen: Dort ist von unbe-scholtenen 50-Jahre-unfallfrei-Fahrern zu lesen, die urplötzlich zu Geisterfahrern wurden, weil sie den Befehl »Bitte wenden« befolgten – dummerweise auf der Autobahn. Funkelnagelneue Autos fuhren in Hafenbecken, weil die Chauffeure sich nicht vor-stellen konnten, dass sich ihr teures Navi so irren kann. Ein Reise-busfahrer wollte seine Fahrgäste ins französische Lille fahren, landete aber wegen eines Programmierfehlers im gleichnamigen belgischen Städtchen. Hunderte von Kilometern Irrfahrt, ohne sich mal beim Blick aus dem Fenster über die vielen belgischen Kennzeichen und die unverkennbare gelbe Autobahnbeleuchtung zu wundern, weil nach Aktivierung des Navigationsgeräts das Gehirn im Stand-by- oder Off-Modus war.

Das alles hält aber auch Motorradfahrer nicht ab, zunehmend auf die Hilfe der kleinen elektronischen Kästchen zu setzen. Die im Vergleich zu den Geräten fürs Auto so klein gar nicht sind, müssen die Displays doch auch bei direkter Sonneneinstrahlung gut ablesbar und der Touchscreen möglichst auch mit den dicksten Winterhandschuhen zu bedienen sein. Darüber hinaus müssen sie robuster sein, also treibstoffresistent und wasser- und stoßfest. Da Vibrationen zu einem Abreißen der Kabel führen können, haben sich Dockingstations als bessere Alternative durchgesetzt. Die Navigation erfolgt klassisch über Pfeile im Display und Sprachansagen, die im komfortabelsten Fall über Bluetooth ans Headset im Helm übermittelt werden. Das erspart den nie ganz risikofreien Blick aufs Display, der ja immer die Aufmerksamkeit von der Straße und vom Vordermann ablenkt.

Doch nicht alle Fahrer wollen als elektrische Reiter durch die Prärie kurven, sie geben der guten alten Faltkarte den Vorzug und dem eigenen Orientierungssinn. Wenn der versagt, hilft meistens ein Stopp am Straßenrand oder an der nächsten Tankstelle, um freundliche Kollegen um Rat zu bitten. Wenn die auch nicht weiterwissen, dann fährt man einfach weiter in die Richtung, die stimmen könnte. Spätestens das nächste Schild sorgt für Erleichterung oder wüstes Fluchen. Beides ist okay, mit beidem lässt sich arbeiten. Hauptsache, unterm Helm verkümmert nichts.

Weil Kickstarter Weinen und Lachen machen

Das erste Motorrad war eine SR 500 – jener Eintopf, den Yamaha ab 1978 zwei Jahrzehnte lang nahezu unverändert produzierte. Der Besitzerstolz wurde in kürzester Zeit zweimal aufs Schlimmste gekränkt. Zum ersten Mal noch vor Erwerb des neuen gebrauchten Gefährts mit einer ganz gemeinen Bemerkung, zum zweiten Mal, als sich die gemeine Bemerkung als bittere Wahrheit entpuppte.

In einem Gespräch mit Tommy Engel, in Köln berühmt und jenseits der Stadt bekannt als ehemaliger Sänger der kölschen Mundart-Kapelle Bläck Fööss, kam das Thema unweigerlich aufs Motorrad, denn Tommy Engel ist passionierter Harley-Davidson-Fahrer und hat es mit den Jahren geschafft, auch genauso auszusehen: graue Mähne, grauer Bart sowie ein Bäuchlein, das es mit dem Tank einer Fat Boy locker aufnehmen kann. Tommy wollte natürlich wissen, was sein Gesprächspartner fährt, der sehr stolz mit der Ankündigung des baldigen Kaufs einer 500er Yamaha antworten konnte. »SR 500?«, fragte Tommy nach. Nach der positiven Antwort durch begeistertes Nicken entstand eine lange Pause und Tommys Gesicht verformte sich zu einem Abbild allergrößten Mitleids. Endlich hatte er die Sprache wiedererlangt und sagte den markerschütternden Satz: »Kickstarter?! Junge, der Krieg ist vorbei!!« Das Gespräch wurde, so anständig und souverän es ging, zu Ende gebracht.

Dann stand auch schon bald die Abholung des geschmähten Objekts an. Ausgehändigt wurde mir die SR vom knauserigen Gebrauchtmotorradhändler mit circa drei Löffeln Sprit und dem strengen Hinweis, umgehend eine Tankstelle anzusteuern. Die war knapp fünf Kilometer entfernt und eben noch so zu erreichen. Nach fünf gefahrenen Kilometern ist die SR nicht mehr kalt, aber auch noch nicht richtig warm gelaufen und so kamen Tommys Worte nach vollendetem Tankvorgang wie ein Echo aus der Hölle zurück: Die verdammte Karre wollte nicht mehr anspringen. Musste nun der Choke ran, weil sie doch noch zu kalt war? Oder besser Dekompression, weil bereits warm genug gelaufen?

Und warum steht der elende Kickstarter bei jedem dritten Versuch so falsch in der Gegend rum, dass einem noch mehr Geschichten aus der Kickstarterhölle in den Sinn kommen: Geschichten von Hautabschürfungen am Knöchel, von Bänderrissen, von geprellten Knochen. Jeder Tritt war bald von rhythmischem Fluchen begleitet: »Scheißkarre, Scheißkarre, Scheißkarre ...« Ganze Urlaube sollen schon zu Ende gegangen sein, bevor sie angefangen hatten. Da gab es die Erzählung von der Clique, die irgendwann an einer Raststätte in der französischen Provinz genug von der ewigen Warterei auf den kickstartenden Kollegen hatte und ihre Maschinen rücksichtslos per E-Starter anwarf, losfuhr und den bemitleidenswerten Tropf allein in einer Staubwolke zurückließ – ohne eine Handvoll Patronen oder wenigstens Zündkerzen.

Die SR 500 war zwar wie auch ihre ältere Offroad-Schwester XT 500 ein Einsteigermotorrad, aber keins für Anfänger. Der Spaß kam erst, wenn sie vielleicht zum fünfzigsten Mal angetreten war, dann hatte sich ein Gefühl für das richtige Timing, den rechten Kick entwickelt. Dann wurde es bald ein Leichtes, mit zwei, drei fließenden Bewegungen den Motor zu starten und mit diesem einzigartigen SR-Sound loszurollen. Dann endlich war der Krieg vorbei, der gegen den Kickstarter.

Kapitel 11

Wenn sich Biker treffen

*Es macht tierisch viel Spaß,
mit zwei Rädern unterwegs zu sein.*
MICHAEL SCHUMACHER

Weil weniger viel mehr ist

Reisen mit dem Motorrad ist die hohe Kunst der Selbstbeschränkung. Entscheidend ist nicht die Frage, was nimmt man mit, entscheidend ist die Frage, was nimmt man nicht mit. Selbst die maximale Beladung – also Top-Case, Koffersatz oder Packtaschen, Gepäckrolle, Tankrucksack plus zusätzlich festgezurrtes Zelt, Schlafsack und Isomatte – ändert nichts an der Tatsache, dass jeder Kleinwagen deutlich mehr in den Kofferraum bekommt. Das Gute ist: Kein Biker will ernsthaft Kinderwagen, Trolleys oder den halben Hausrat mitnehmen. In Indien oder Pakistan, wo Mopeds bisweilen Lastwagen ersetzen, sieht das anders aus. Da geht's dann aber auch weniger um Fahrspaß, sondern vielmehr um den praktischen Nutzen und billige Transportmöglichkeiten. Also ächzen schwach motorisierte Zweiräder unter dem Gewicht des Fahrers samt mehrköpfiger Familie, Hausschwein und großem Kochtopf oder Reissäcken. Hierzulande wäre zwar der Transport einer Kiste Bier bei Fahrten zu Bikertreffen in abgelegene Landstriche manchmal ganz schön, aber da finden sich meistens andere Mittel und Wege.

Alles in allem ist es jedenfalls herrlich, dass nicht jede Lieblingsjeans mitgenommen werden kann, kein Regenschirm, kein Ghettoblaster und nur ein paar T-Shirts, Socken und Unterhosen. Den anderen Bikern bei den Treffen geht's ja nicht anders. Was also ist so schlimm daran, auch am letzten Abend noch in den Klamotten vom ersten Tag rumzulaufen?! Die Unterwäsche jedenfalls ist bestimmt frisch, falls nicht, kann das nicht daran gelegen haben, dass die Gepäckrolle zu klein war.

Was also muss außer einem sauberen Schlüpfer noch ins Gepäck? Auf jeden Fall die Camping-Ausrüstung, falls es keine

Hoteltour wird – also Zelt, Schlafsack und Schlafmatte, Campingkocher mit Koch- und Essgeschirr. Die Zubehörhändler und Outdoorspezialisten haben es mit den Jahren geschafft, ganze Küchenausstattungen so weit einzudampfen, dass sie in eine Sporttasche passen. Mit Multi-Tools kann gelöffelt, gegabelt und geschnitten werden, faustgroße Taschenmesser haben heute so viel drauf wie Kampftaucher in Spezialeinheiten, Alu-Tische können so lange gefaltet werden, bis sie in den Tankrucksack passen. Minikocher samt Trockenbrennstoff verschwinden in Turnschuhen, bevor diese in die Gepäckrolle gestopft werden. Ein Taschenbuch als Einschlaflektüre reicht, ein Reiseführer und eine gute Karte, Handtuch und Zahnbürste, fertig. Los geht's!

Am Ziel angekommen, sind die Packtaschen schnell ausgeräumt, das Zelt aufgebaut und die Motorradkluft gegen Shorts und Shirts getauscht. Jetzt ein Bier organisieren, auf den Klapphocker fläzen und gucken, was für Typen sich rechts und links breitmachen. Es gibt nämlich zwei Pack-Religionen: die Falter und die Stopfer. Beide Gruppen schwören Mark und Federbein, dass ihre Technik platzsparender ist. Die Falter falten Handtuch, Hemd und Hose wie Straßenkarten und sind sich sicher, dass auf diese Weise viel mehr Gepäck in die Taschen passt. Die Stopfer füllen jede Lücke, jede Ecke und jede Nische mit einzelnen Socken, Duschgel und Chucks. So lasse sich der Stauraum bestmöglich nutzen, beteuern sie. Natürlich könnte man einen Test durchführen, welche Technik ergiebiger ist. Aber wer möchte schon Religion gewordene Überzeugungen infrage stellen?

Weil Hannibal von Elefantentreffen lernen kann

Zweifelsohne war es eine beachtliche Leistung des großen kathargischen Feldherrn Hannibal, die winterlichen Alpen zu Fuß und in Sandalen zu überqueren, um den Römern eins auszuwischen. Und das zu einer Zeit, in der auf christlichen Beistand nicht zu hoffen war, denn bis zu Jesu Geburt sollte es noch mehr als zweihundert Jahre dauern. Und GPS steckte noch nicht einmal in den Kinderschuhen. Über welchen Alpenpass er seine 50.000 Soldaten führte – ob über den Col de Clapier, den Col de Montgenèvre oder den Mont Cenis –, darüber streiten sich noch heute die Freunde antiker Kriegsführung. Aber eins steht zweifelsfrei fest: Den kühnen Strategen begleiteten 37 Elefanten durch die schneebedeckten Berge. Doch das ist nichts gegen das, was Hunderte von Motorradfahrern Jahr für Jahr an einem Wochenende im Januar oder Februar schaffen: ein Motorradtreffen im Schnee, in einem Talkessel im Bayrischen Wald zwischen den Orten Loh, Thurmansbang und Solla.

Nicht Hannibals Elefanten-Tour ist Namensgeber dieser einzigartigen Veranstaltung, sondern das Zündapp-Gespann KS 601, genannt: Grüner Elefant. Der Hannibal der winterfesten Biker heißt Klacks oder im bürgerlichen Leben Ernst Leverkus. So wie Hannibal eigentlich Hannibal Barkas hieß, also Herr Barkas. Herr Leverkus alias Klacks jedenfalls war Motorradredakteur und schaltete 1955 eine Anzeige, die sich an weitere KS 601-Fahrer richtete. Rund zwanzig Gespannfahrer folgten dem Aufruf, sich an der Solitude-Rennstrecke bei Stuttgart zu treffen. Es war das erste Januar-Wochenende des Jahres 1956. Klacks wurde geleitet von der Frage, ob noch weitere Motorradfahrer trotz – oder wegen – Schnees und Minusgraden unterwegs sind. Schließlich konnte man es ja bequemer haben: Das Wirtschaftswunder stand in voller Blüte und der Geldbeutel reichte bei immer mehr Arbeitnehmern auch zum Auto.

Bereits ein Jahr später musste keine Anzeige mehr geschaltet werden, allein durch Mundpropaganda angelockt kamen 44 Gespanne. In den nächsten Jahren wurden es immer mehr, es erschienen nun auch andere Fabrikate, gelenkt von Fahrern aus vielen Ländern. 1960 steuerten 900 Teilnehmer aus Deutschland, Belgien, Holland, Dänemark, Österreich und der Schweiz den Feldberg an, was den Veranstaltern klarmachte, dass ein neuer Treffpunkt her musste und dafür nur ein Platz infrage kam: der Nürburgring. 1961 übernahm der Bundesverband der Motorradfahrer, kurz BDMV, die Organisation und freute sich über prominenten Besuch: Der bereits 70-jährige französische Motorradweltenbummler Robert Sexé reiste bei Schneefall aus dem 700 Kilometer entfernten St. Benoit an – auf einer 400er Gillet, Belgiens bestem Beitrag zur Motorradweltgeschichte.

In den nächsten Jahrzehnten wird aus dem Elefantentreffen das, was neudeutsch als Event bezeichnet wird. Es kommen nicht mehr nur Biker, die sich mit blauen Lippen durch die Kälte quälen, sondern auch immer mehr Zaungäste mit Autos und in beheizten Bussen, um sich das Spektakel anzusehen. 1977 folgt nach Auseinandersetzungen mit der Polizei das Aus am Nürburgring. Nach einem Intermezzo am Salzburgring findet der BVDM Ende 1980er seine neue Heimat im Bayrischen Wald. Alle Anforderungen werden perfekt erfüllt: genügend Platz, wohlwollende Anwohner, entspannte Umweltschützer, vor allem aber: Schneesicherheit! So schneesicher, dass in manchen Jahren die Italiener nicht anreisen können, weil die Pässe gesperrt sind. Die Zufahrt für Autos ist ohnehin gesperrt und eine der schlimmsten Geißeln der Menschheit wurde ebenfalls verbannt: Quads. Die sucht man nach mehr als einem halben Jahrhundert Elefantentreffen so vergebens wie Saisonkennzeichen.

Weil man besser schläft

Woran ist ein gutes Bikerhotel zu erkennen? Es sollte schon etwas mehr bieten als ein Schild mit dem Hinweis: Biker willkommen! Dass es ein Bedürfnis nach guten Tipps und Ratschlägen bei der Suche nach Bikerhotels gibt, die mehr bieten, zeigt schon ein kleiner Blick in die Suchmaschine: Bikerhotel.com, biker-hotel. de, bikeundhome.de, bikerhotelguide.de, bikerhotels-deutsch-land.de heißen nur ein paar der Portale, die Hotels vorstellen, in denen Biker mehr als eine harte Matratze und ein weiches Ei erwarten dürfen. Sortiert nach Ländern, Regionen oder Spar-Angeboten ist auch bikerbetten.de. Motto: Bike hard, sleep well. Helmträger werden dort von Hoteliers und Pensionsbesitzern mit allen nur möglichen Attraktionen umworben: Einlaufbier, geführte Touren inklusive Haftpflichtversicherung, Garagen-benutzung gratis, Tourenkarten und Roadbooks, kostenlose Massagen nach der Tour ... Andere werben mit Vorzügen, für die sie gar nichts können: mildes Klima, mindestens 365 Sonnentage im Jahr, Top-Lage mitten in den schönsten Streckenparadiesen am Meer, in den Bergen, auf Inseln, im Outback.

Der Biker selbst hat zwei wesentliche Erwartungen an seine Unterkunft, abgesehen davon, dass sie sauber und freundlich sein und einen angemessenen Preis haben sollte. Zum einen ist es schön, wenn dem Zimmerwirt und seinem Team klar ist, dass wirklich Biker kommen, die bestimmt nicht im Anzug zum Candle-Light-Dinner am Abend im Kaminzimmer erscheinen werden. Vielleicht ziehen sie sich ja um und erscheinen in Jeans, Sweater und Turnschuhen, vielleicht lassen sie aber auch nur den Helm auf dem Zimmer und pflanzen sich ansonsten in vollem Touren-Ornat in den Speisesaal. Das soll dann bitte auch niemanden irritieren! Jetzt ist es nämlich zu spät, um das Schild »Biker willkommen« wieder aus dem Blumenbeet zu entfernen.

Der zweite Wunsch des Bikers an eine Unterkunft ist, dass sie im Idealfall auch von anderen Fahrern bewohnt wird. Es gibt nämlich nichts Schöneres, als am Abend noch an der Hotelbar oder im Schankraum rumzusitzen und mit Gleichgesinnten zu quatschen: über Strecken, übers Wetter, über Maschinen, über Spritpreise. Man kann noch ein paar Tipps zu den geilsten Touren und anderen tollen Unterkünften tauschen, ein letztes Bier trinken – und dann ab in die Kissen, wo mit süßen Gedanken ans Frühstücksbuffet in den Schlaf gecruist wird. Ausgeschlafen, frisch geduscht und mit leckeren Brötchen im Bauch (wenn man nicht gerade in Frankreich genächtigt hat), kann's dann weitergehen. Auf zur nächsten Etappe, die mit Einbruch der Dunkelheit vor einer anheimelnden Unterkunft endet, an der ein Schild angebracht ist: Biker willkommen!

Bei den einschlägigen Internetportalen lassen sich komplette Touren detailliert planen und die gefundenen Übernachtungsmöglichkeiten online checken und buchen. So ist es überhaupt kein Problem, für jede Nacht ein neues Zimmer an einem anderen Ort zu finden; das Netz an Biker-freundlichen Herbergen ist europaweit erstaunlich dicht. Die Seite biker-motorrad-hotel.de bietet noch als besonderes Feature einen Bußgeldrechner an – die Urlaubskasse kann also vor Reiseantritt entsprechend gefüllt werden.

weil Bikertreffen zeitreisen möglich machen

Für viele Mitmenschen sind die 1970er eine ganz große Zeit, vielleicht die beste aller Zeiten. In dieser Dekade hätten sie gerne gelebt, und wenn sie diese Jahre bereits wachen Auges miterlebt haben, dann war das die Zeit ihres Lebens – wobei die Kraft der Verklärung immer bereitwillig große Unterstützung leistet. In den 70ern wurden die Früchte der 68er gepflückt, ohne dafür politisch noch besonders aktiv werden zu müssen, denn das war ja bereits erledigt. Nun konnte also entspannt freie Liebe gelebt werden, allerlei Substanzen wurden geraucht, geschluckt und geschnieft, die nicht unbedingt heller, aber definitiv breiter machten, und dann war da noch dieser neue Sound: E-Gitarren und Drums wurden immer lauter und lauter, weil bei den Live-Konzerten die Marshall-Verstärkertürme immer höher in den Abendhimmel wuchsen. Auf der Bühne bewegten sich breitbeinige Gitarristen in Jeans oder enger Lederhose, mit Shirt oder ohne. Die Haare reichten wenigstens bis zwischen die Schulterblätter und wurden von ihren Trägern auf und vor den Bühnen geschüttelt.

Auf den Zufahrtswegen zu den Festivals gab es viele Motorräder, denn nach dem Motorrad-Boom nach dem Krieg, als diese Fahrzeuge für viele das einzig bezahlbare Vehikel abgaben, erlebte das Motorrad in den 70ern einen zweiten Frühling. Der Film *Easy Rider* hatte dem Motorrad einen neuen Spirit eingehaucht und die Japaner kamen mit Maschinen auf den Markt, die nicht nur erschwinglich waren, sondern auch in der Breite die 500-ccm-Schallgrenze nach oben durchbrachen. Kawasaki stellte 1972 die 900 Z1super4 vor, damit war das »Big Bike für alle« in der Welt und aus dieser nicht mehr wegzudenken. 1972 erschien mit *Framed* auch das erste Album der Sensational Alex

Harvey Band und die Verbindung von beidem treibt nicht wenigen Bikern Tränen der Nostalgie in die Augen. Man möchte meinen, dass diese Zeit ein für alle Mal vorbei ist, wenn es da nicht einen Time-Tunnel geben würde, der es Motorradfahrern – und nur Motorradfahrern – erlaubt, Jahrzehnte zurück in die Vergangenheit zu reisen. Dieser Time-Tunnel führt auf direktem Wege zu Bikertreffen.

Bikertreffeln, egal, wo sie stattfinden, sind oft riesige Freilichtmuseen der 70er Jahre – auch wenn mit den neusten Maschinen angereist wird, in High-End-Jacken mit integriertem Handy und MP3-Player. Kaum angekommen, wird das Zelt aufgebaut, aus dem der Biker dann wie verwandelt rausklettert. In Schnürlederjeans und Black-Sabbath- oder Deep-Purple- oder Uriah-Heep-T-Shirt werden die ersten Bierdosen geleert, bevor man in kleinen Gruppen zur Bühne schlappt, wo die Zeitreise ihren Höhepunkt anstrebt. Denn auf den Bühnen der Bikertreffen stehen entweder originale Veteranen wie Motörhead, Carlos Santana oder Status Quo oder aber Motörhead-, Santana-, Status-Quo-Coverbands, die fast so gut wie die Originale und optisch oft zum Verwechseln ähnlich und nur selten wesentlich jünger sind. Dieser Sound, dazu die Schnürlederjeans, die fast noch so gut passen wie damals, und noch ein paar Bierdosen mehr – und die Zeitreise ist geglückt, man ist wieder im Jahr 1972.

Weil es Trost gibt

Der Tod fährt immer mit, daran gibt es nichts zu rütteln. Protektoren und Helm sind großartig und machen oft genug aus Unfällen, die tödlich enden könnten, solche mit einigermaßen glimpflichen Verletzungen. Und auch die besonnenste und defensivste Fahrweise schützt nicht vor Autofahrern, die einen Biker übersehen – Unfallursache Nummer eins bei Motorradfahrern, deutlich vor den eigenen Fahrfehlern inklusive überhöhter Geschwindigkeit. Wenn's kracht, dann kracht es richtig, weil da eben keine Karosserie drum herum ist, deren verstärkte Träger einen umhüllen, kein Überrollbügel, gar nichts. Es ist der Körper des Fahrers, der Fahrerin, der durch die Luft geschleudert wird und auf Hindernisse prallt – gegen Leitplanken, Mauern, auf Motorhauben und in Windschutzscheiben. Mehr als die Hälfte aller Verkehrstoten – darunter versteht man Opfer, die auf der Stelle oder innerhalb der nächsten dreißig Tage nach einem Unfall sterben – saß nicht in einem Auto. Hier noch ein paar internationale Zahlen: Weltweit sterben laut Weltgesundheitsorganisation mehr als eine Million Menschen an den Folgen von Verkehrsunfällen, damit liegt die Zahl der Verkehrstoten weit über den Opferzahlen von Krieg, Terrorismus oder Genozid. Die Anzahl der Verletzten wird auf jährlich etwa vierzig Millionen geschätzt. In dieser Statistik viel zu stark vertreten, gemessen an ihrer Präsenz auf den Straßen, sind Motorradfahrer. Das Todesrisiko eines Bikers ist im Vergleich zum Autofahrer 18-mal höher. Bloßes Wegrutschen auf nasser und glatter Fahrbahn in einer stinknormalen Rechtskurve reicht, um auf die Gegenbahn zu geraten. Wenn nicht gerade ein Sattelschlepper entgegenkommt, unter dessen Reifen man gerät, kann das ja vielleicht noch gut ausgehen.

Die Benachrichtigung an die Familie, dass einer ihrer Angehörigen soeben aus dem Leben gerissen wurde, überbringt souverän und professionell die Polizei. Doch dann schließt sich die Tür und man ist allein mit dem Unfassbaren, mit dem Schmerz und unendlicher Trauer. Das alles war einigen Hamburgern Grund genug, Bikers Helpline ins Leben zu rufen, laut Eigendarstellung »die einzigartige Initiative für Motorradmenschen in Not«. Der Vereinszweck wird in § 2 der Satzung formuliert, es geht um Folgendes: »Der Zweck des Vereins ist die Förderung der freien Wohlfahrtspflege. Dieser Zweck wird verwirklicht durch die bundesweite Einrichtung und Unterhaltung von Betreuungsstellen sowohl für die telefonische als auch persönliche Betreuung von Freunden und Angehörigen von Motorradfahrerinnen und Motorradfahrern, die durch Unfälle verletzt oder getötet wurden.« Über die bundesweit verfügbare Telefonnummer steht Anrufern ein geschultes Helferteam zur Verfügung, das in der Lage ist, mit dieser Ausnahmesituation umzugehen und seelsorgerisch tätig zu werden. Zudem findet die Begleitung in Trauerseminaren statt, im Einzelfall ist auch eine finanzielle Unterstützung der Betroffenen möglich. So begrüßenswert eine Einrichtung wie Bikers Helpline auf alle Fälle ist, ist zu wünschen, dass ihr Telefon so selten wie möglich klingelt.

Weil der Tankinhalt für
spannende Momente sorgen kann

Wie oft haben Sie Ihr Motorrad schon trocken gefahren? Noch nie? Einmal, zweimal, dreimal? Häufiger? Man muss nicht durch die Sahara brettern, um dieses halb aufregende, halb mulmige Gefühl kennenzulernen, wenn man nicht weiß, wie weit man mit der Tankfüllung noch kommt. Dafür reicht es, ins Rothaargebirge oder in den Schwarzwald zu fahren, manchmal reicht auch schon eine Nachtfahrt in vertrautem Gelände im unguten Wissen, dass die bekannten Tankstellen allesamt bereits geschlossen haben.

Es ist fast immer der gleiche Ablauf: Bei Fahrtantritt hat man die feste Zuversicht, mit der Tankmenge locker ans Ziel zu kommen. Dann, einige Kilometer später, neigt sich die Tanknadel immer stärker nach links, nähert sich ganz allmählich dem roten Bereich – dem toten Bereich. Fast alle Fahrer berichten, dass sie ihre Karre nun wie ein altes Pferd behandeln, schonend und liebevoll, aufmunternd mit geschwisterlichen Durchhalteparolen: »Halt durch, Baby! Komm, nur noch ein paar Kilometer oder Meilen oder Tagesritte, dann haben wir beide es geschafft!« Gefolgt von Schwüren, dass sich so etwas nie wiederholen wird: »Wenn wir gleich an der Tanke sind, kannst du so viel saufen, wie du willst, aber lass mich jetzt bitte nicht im Stich, Baby, halt durch!«

Die Antwort des Motorrads ist ein zuversichtlich stimmendes Brummen, denn glücklicherweise kündigt sich das Ende nicht lange vorher durch Aussetzer an. Wenn, dann geht's wenigstens ganz schnell: Zwei, drei Rucke – und es ist Feierabend. Bis es aber so weit ist, bleibt Zeit, über die beste Fahrtechnik nachzudenken. Jetzt kommt einem die alte Scherzfrage aus der

Grundschule in den Sinn: »Was würdest du tun, wenn du kaum noch Sprit hast, aber die Tankstelle noch fünfzig Kilometer entfernt ist? Vollgas geben und ganz schnell hinfahren oder ganz, ganz langsam fahren wie eine lahme Ente?« Die Antwort war meistens dynamisch, aber falsch: »Vollgas natürlich! Dann ist man ja schneller an der Tanke!«

Wenn die Warnlampe dauerhaft leuchtet und auch am Berg nicht mehr ausgeht – was sie ja zunächst noch tut, wenn am Hang schwappendes Benzin den Schwimmer noch einmal hebt –, dann ist es an der Zeit für letzte Gedanken. Bei schwermütigen Zeitgenossen sind das fatalistische: »Das war's dann wohl, lebe wohl, schnöde Welt! Was wird nun aus meiner Maschine, wenn ich nicht mehr bin? Wer wird sich wohl kümmern?« Pragmatische Gedanken kommen den zupackenden Zeitgenossen: »Okay, Plan B. Gleich stehe ich mitten in der Pampa, ohne Ersatzkanister, und die nächste Tanke ist zu Fuß kaum erreichbar. Mein Handy hat keinen Empfang, es wird allmählich spät und das letzte Auto kam mir vor einer Stunde entgegen … Okay, kein Problem, ich muss am nächstgelegenen Haus klingeln und um Hilfe bitten, wenigstens um ein Telefonat. Sind bestimmt nette Leute mit Verständnis, vielleicht selbst Motorradfahrer.«

Doch in den meisten Fällen haben beide Glück, die Pessimisten und die Optimisten. Denn die Hersteller sorgen in der Regel dafür, dass immer noch ein Tröpfchen im Tank ist, wenn bereits alles rot leuchtet, was rot leuchten kann. Das Wunder erlebt man immer wieder aufs Neue an der Zapfsäule, die mit vermeintlich allerletzter Kraft erreicht wird – dieses Wunder, dass wieder einmal noch ganze zwei Liter im Tank waren, den man doch so leergefahren und ausgetrocknet glaubte.

Weil Kuhle Wampe eine coole Sache ist

Motorradfahren ist die Verwandlung von Benzin in Spaß. Noch mehr Spaß macht es, wenn er nicht auf Kosten anderer geht und ihm ein paar gute Gedanken beigemischt werden. So handhabt es »Kuhle Wampe«, der Bikerclub, der schon in seinem Abzeichen deutlich macht, wo er ideologisch steht: In der Mitte des runden Logos mit dem Schriftzug »Motorradclub Kuhle Wampe« prangt auf sozialistischem Rot ein fünfzackiger Stern mit gelbem Rand, in der Mitte des Sterns ein Motorradhelm.

»Kuhle Wampe« steht in der Tradition der deutschen Proletarierbewegung, auch wenn Proletarier im neuen Jahrtausend so gut wie ausgestorben sind. Aber immer noch gibt es »die da oben« und »die da unten«, und zu Letzteren zählt sich der Club, der sich in den 1970ern formierte.

Der Name geht zurück auf den gleichnamigen Film von 1932, zu dem mit Bertolt Brecht der Großdichter der deutschen Arbeiterbewegung das Drehbuch geschrieben hat. Der Film spielt in der Wirtschaftskrise zwischen den Weltkriegen, als Arbeitslosigkeit und Not täglich größer werden. Wer sich keine Wohnung mehr leisten kann oder rausgeschmissen wird, zieht in die Laubenkolonie »Kuhle Wampe«, was im Berlinerischen so viel bedeutet wie »leerer Magen«, und übt sich in gelebter Solidarität. Lieder werden gesungen, Liebe gemacht, Bier getrunken und gemeinsam überlegt, wem die Welt gehört. So lautet denn auch der Untertitel des Films.

Die Proletarier im Film fahren Fahrrad und Motorrad – und damit ist die Brücke von dem Schwarz-Weiß-Film zu dem roten Motorradclub geschlagen. Hervorgegangen ist der Club Mitte der 1970er aus der Antifa-Szene, erweitert um Gruppen aus der Anti-Atomkraft-Bewegung und zuletzt der Globalisierungs-Kritiker. Wenn sich alte und neue Nazis versammeln, um Hitlers Stellvertreter Rudolf Heß zu gedenken, kann man davon ausgehen, dass die Mitglieder von »Kuhle Wampe« die Maschinen aus der Garage holen, die Kutten anlegen und sich aufmachen, den braunen Deppen den Spaß zu verderben. Auch beim G8-Gipfel in Heiligendamm war »Kuhle Wampe« vertreten, um den Pulk der Demonstranten zu verstärken.

Ungefähr sechzig lokale Clubs sind unter dem Dach von »Kuhle Wampe« zusammengeschlossen. Unter anderem in Freiburg, Heidelberg, Leipzig, Köln und Esslingen. Auf der Homepage der Esslinger »Kuhle Wampe« werden Werte formuliert, die fast schon wie aus einer anderen Zeit wirken: »Solidarität ist unser Motto« ist dort zu lesen und: »Wir stehen, Schulter an Schulter, füreinander ein.«

In der Solidarität sah Bertolt Brecht die einzige Chance der Arbeiterklasse auf ein besseres Leben, damit kannte er sich aus. Aber auch mit Motoren kannte sich der Dramatiker ein bisschen aus. So textete er für die österreichische Autoschmiede Steyr: »Wir liegen in der Kurve wie Klebestreifen. Unser Motor ist: Ein denkendes Erz.« Als Dichterlohn für diesen Werbetext bekam Brecht einen funkelnagelneuen Steyr XII, den er alsbald vor einen Baum setzte. Der Marke aber blieb er so treu wie der Sache des Proletariats.

Weil Hinterreifen auch brennend entsorgt werden können

Es ist der Willkommensgruß auf vielen Bikertreffen – ein zünftiges, lautes und stinkendes »Hallo« mit dem Hinterrad: der Burn-out. Man nehme zwei Reifen – einen möglichst nicht ganz funkelnagelneuen zum Abfackeln und einen funkelnagelneuen für den Reifenwechsel, wenn der alte nach getaner Arbeit nur noch eine heiße, dampfende Gummimasse ist. Dann warte man auf ausreichend begeisterungsfähige und johlende Zuschauer, starte die Maschine, betätige die vordere Bremse und gebe dem Maschinchen nach mehrfachem Aufheulen des Motors einfach eine große Prise Vollgas. Im Nu verschwinden Maschine, Fahrer und Umherstehende in einer fulminanten Wolke aus Staub und Gummiabrieb. Herrliche Bilder ergeben sich nach Einbruch der Dunkelheit, wenn der Hinterreifen durch die Reibungshitze Feuer fängt und als leuchtendes Flammenrad in der Dämmerung glüht. Pyrotechnik ganz ohne Schwarzpulver! Wichtig für eine gelungene Performance ist, dass das Motorrad beim Standing Burn-out nicht ausbricht, das könnte nämlich einen hochnotpeinlichen Sturz zur Folge haben und noch größeres Gejohle der Zuschauer. Wer's draufhat, kann zum rollenden Burn-out übergehen, zum Wheelspin, und dekorative Kreise auf den Asphalt zeichnen, sogenannte Donuts. Dabei wird das Motorrad von seinem Fahrer in aufrechter Position gedreht. Weit eleganter aber ist die horizontale Position: Dabei liegt die Karre mehr oder weniger vollständig auf der einen Seite und der Fahrer hockt auf der anderen, gibt tüchtig Gas bei gezogener Vorderradbremse und malt einen Kringel nach dem anderen auf die Straßendecke.

Gesund ist das Ganze nicht, am allerwenigsten für das Motorrad, das dabei heftigen Belastungen ausgesetzt wird. Dass der Hinterreifen anschließend auf die Halde gebracht werden kann, ist noch das geringste Problem. Aber die hohen Drehzahlen erhitzen die Motoren ohne jede Kühlung in gefährliche Bereiche. Auch die beste Kupplung verzeiht nur eine begrenzte Anzahl von Burn-outs.

Verboten ist der Burn-out wegen der großen Lärm- und Geruchsbelästigung natürlich sowieso, jedenfalls auf öffentlichen Straßen und Plätzen. Gut, dass auf Bikertreffen und Motorradshows etwas andere Regeln gelten. Da lässt es sich ganz prima bei einem kalten Bier genießen, wenn die Kollegen ihre Motorräder verglühen lassen, während das eigene Gerät hinter der nächsten Ecke runterkühlt. Nach der Show kann man ja mal einen Blick auf den Zustand der eigenen Pneus werfen. Selbst wenn noch mehr als die vorgeschriebenen 1,6 mm Profil zu sehen sind, empfehlen die Hersteller einen Austausch der Reifen nach spätestens sechs Jahren, da die Gummis spröde werden. Wenn es so weit ist, ist das Einäschern der Reifen bei knapp 10.000 Umdrehungen ja vielleicht eine Option – immerhin ein wahrlich würdiger Gnadentod.

Weil Motorradfahren
keine Frage des Alters ist

Die Tage, an denen Motorradfahren Teil der Jugendkultur war, sind gezählt. Vorbei die Zeiten, als wilde Jungs auf ihren Maschinen grundsätzlich als Halbstarke bezeichnet wurden. Inzwischen ist das Motorrad fest in der Hand einer Klientel, die solide im Berufsleben steht, gutes Geld verdient und in der Garage außerdem ein oder zwei Autos stehen hat. Innerhalb der letzten zehn Jahre hat sich der Anteil der Fahrer zwischen vierzig und 59 Jahren auf den Straßen fast verdoppelt: von 28 auf satte 53 Prozent im Jahr 2010. Die Biker sind in diesen zehn Jahren nicht nur älter geworden, sie sind auch mehr geworden. Wahrscheinlich ist gerade die Midlife Crises für viele Männer ein Zeitpunkt für Neuorientierung: Brauche ich nicht dringend eine neue Freundin? Oder ein Tattoo? Eine Yacht? Ein Cabrio oder etwa ein Motorrad? Am besten alles? Wer eine dieser Fragen bejaht und es sich finanziell leisten kann, setzt die Antwort auch um. So hat der Typus Manager den Typus Rocker mit den Jahren abgelöst, auch wenn der Manager viel Geld dafür ausgibt, wie ein Rocker auszusehen – für eine schick abgewetzte Lederjacke kann er auch mal locker ein paar Hundert Euro und mehr auf den Tisch legen. Das mag auch ein Grund dafür sein, warum die Kinder der graubärtigen Biker langsam absteigen. 2010 waren nur noch 16 Prozent aller Motorradfahrer unter 29, zehn Jahre zuvor waren es laut einer Allensbach-Studie noch 27 Prozent. Unter 39 Jahren sind 35 Prozent, im Jahr 2000 waren es 64 Prozent.

Die Hersteller von Maschinen und Zubehör sind über diese Entwicklung nicht wirklich entsetzt, denn die Biker-Generation 40 plus gibt gern gutes Geld für gute – und teure – Produkte aus.

Nicht so erfreulich für Produzenten und Händler ist die Tatsache, dass die Zahl der Neuzulassungen bei Krafträdern kontinuierlich rückläufig ist: Waren es im Jahr 2000 noch 253.138 Neuzulassungen, verzeichnete das Kraftfahrzeugbundesamt 2010 lediglich 138.878 Anmeldungen. Tendenz? Sinkend! Schlimm? Nein! Überlassen wir den Jugendwahn dem Privatfernsehen. Auch wenn deren Zielgruppe spätestens bei 49 Jahren endet, heißt das noch lange nicht, dass man am fünfzigsten Geburtstag tot aus dem Sattel rutscht. Wir werden doch eh alle topfit mindestens achtzig, und solange wir noch die Maschine auf den Hauptständer wuchten können und Schaltung und Fußbremse nicht verwechseln, so lange wollen wir auch mit offenem Helm durch die Welt und die Wälder fahren.

Wie ihre Fahrer sind übrigens auch Motorräder älter geworden. Über 14 Lenze zählt im Durchschnitt ein Kraftrad auf Deutschlands Straßen, älter sind nur noch Traktoren und andere Zugmaschinen, die es auf durchschnittlich 28,5 Jahre bringen. Das durchschnittliche Auto hingegen ist nur acht Jahre alt. Dass viele Motorräder so lange gehalten, gepflegt und gefahren werden, dafür gibt es als Erklärung nur ein Wort: Liebe.

Weil die Zukunft uns gehört

Nach Angaben der Internationalen Energieagentur ist der Oil Peak bereits erreicht, also das globale Ölfördermaximum. Ab jetzt geht die Förderung zurück und gleichzeitig wird es immer teurer, die noch vorhandenen Ressourcen ans Tageslicht und in die Maschinenräume der Welt zu pumpen. Alternativen müssen her, auch beim Motorrad. Fast alle Hersteller werkeln in ihren Labors an Motorrädern für den day after; an Hybrid-Antrieben beispielsweise, bei denen wie bei Yamaha Lithium-Ionen-Akkus zum Einsatz kommen und den Tank entlasten. Doch in den Tank muss weiterhin Sprit, deshalb ist das Hybrid-Modell, das Verbrennungs- und Elektromotoren kombiniert, auch noch nicht das Ende der konzeptionellen Fahnenstange.

Bis die schwarze Suppe endgültig ausgelöffelt ist, müssen Motorräder entwickelt werden, die unabhängig von den fossilen Brennstoffen sind. BMW unter anderem hat bereits mit Wasserstoff experimentieren lassen, doch bis zur Serienreife wird's noch dauern, denn es gibt ein paar ungelöste Problemchen: Wasserstofftanks dürfen nicht fest mit dem Motorrad verbunden sein und auch den Treibstoffverlust durch die Erwärmung des Wasserstoffs haben die Techniker noch nicht im Griff. Auch Erdgas ist in ein paar Jahrzehnten aufgebraucht, es hilft langfristig also auch nicht weiter. Biogas lässt sich zwar als Gemisch mit Luft prima zünden, das ist aber eher eine Option für den Landwirt und seinen Fuhrpark.

Es werden zunächst die Motorräder mit Elektroantrieb sein, die nach dem Ende des Öls die Straßen beherrschen. Das wird im ersten Moment schmerzlich werden, aber nur im ersten Moment. Und es werden Phantomschmerzen sein, weil die Bikerseele nicht wahrhaben möchte, dass es auch ohne die Explosionen unterm Hintern geht, ohne die Kräfte und Beschleunigungen, die nur Verbrennungsmotoren zugeschrieben werden.

Die Bikes mit Batterie aber werden kommen und sie werden mit ihren Leistungen überzeugen. Nur in einem Punkt wird die Überzeugungsarbeit schwierig werden: beim Klang. Der Sound der E-Motoren ist und bleibt, um es neutral zu formulieren, scheiße. Wie E-Gitarren ohne Verstärker.

Irgendwer wird also umdenken müssen: die Hersteller oder wir. Doch wie es auch immer kommen wird, Motorräder wird es geben, solange es uns gibt. Solange Straßen Kurven haben und solange es Strecken an Meeresküsten und Serpentinen in den Bergen gibt. Solange sich zwei unbekannte Biker irgendwo an einer Weggablung treffen und sofort ein gemeinsames Thema haben. Solange es neue Geschwindigkeitsrekorde und irrsinnige Rennfahrer gibt, für die gebrochene Knochen nur dann ein Problem sind, wenn sie deshalb ein Rennen aussetzen müssen. Solange jedem bewusst ist, dass der Sensenmann als Geisterfahrer unterwegs ist und man tunlichst auf der Ideallinie bleiben sollte. Solange zwei Menschen nicht inniger reisen können als zusammen auf einem Motorrad. Solange jeder Stau nur einen Gewinner kennt. Solange sich Frauen wie Männer gleichermaßen für die schönste Hauptsache der Welt begeistern. Solange der Globus Gegenden hat, die nur mit dem Motorrad wirklich zu erleben sind. So lange fahren wir. Also immer.

DER AUTOR Martin Klein wurde 1965 geboren und machte 18 Jahre später den Motorradführerschein. Seit diesem kalten Oktobertag im Jahr 1983 ist es heiße Liebe. Wenn er nicht gerade Motorrad fährt, ist er als Autor und Redakteur für verschiedene Printmedien und fürs Fernsehen tätig. Seit 1999 arbeitet er hinter den Kulissen der WDR-Sendung »Zimmer frei« und hat verschiedene Bücher veröffentlicht. Er lebt mit seiner Frau, zwei Töchtern und einem Motorrad in Köln.

Martin Klein
111 GRÜNDE, MOTORRAD ZU FAHREN
Eine Liebeserklärung an das letzte Abenteuer der Straße

ISBN 978-3-86265-128-3
© Schwarzkopf & Schwarzkopf Verlag GmbH, Berlin 2012

KATALOG
Wir senden Ihnen gern kostenlos unseren Katalog.
Schwarzkopf & Schwarzkopf Verlag GmbH
Kastanienallee 32, 10435 Berlin
Telefon: 030 – 44 33 63 00 | Fax: 030 – 44 33 63 044

INTERNET | E-MAIL
www.schwarzkopf-schwarzkopf.de
info@schwarzkopf-schwarzkopf.de